JN133986

ドイツ国防軍砂漠・ステップ戦必携教本

Taschenbuch für den Krieg in Wüsten und Steppe

ドイツ国防軍陸軍総司令部
大木毅【編訳・解説】

作品社

業務指示書　一八ａ／二三号
（陸軍師団作戦参謀部
文書一八ａ　続き番号二三番）

ドイツ国防軍
砂漠・ステップ戦必携教本

陸軍総司令部
陸軍参謀本部／教育部（Ⅱ）
四二〇〇／四二号

H. Qu. D. R. H、一九四二年十二月十一日

「砂漠・ステップ戦必携教本」は、砂漠およびステップで運用される部隊向けの当面の資料として、利用される。

全権委任のもと
ツァイツラー〔*〕

〔* クルト・ツァイツラー（一八九五～一九六三年）。「砂漠・ステップ戦教令」公布当時、歩兵大将・陸軍参謀総長〕

ドイツ国防軍　砂漠・ステップ戦必携教本　目次

第一〇章　熱帯衛生　97

第一一章　獣医衛生　123

第一二章　兵器、機材、弾薬の取り扱い　137

訳者註釈

一、「編制」、「編成」、「編組」については、以下の定義に従い、使い分けた。「軍令に規定された軍の永続性を有する組織を編制といい、『平時における国軍の組織を規定したものを『平時編制』、戦時における国軍の組織を定めたものを戦時編制』という」。「ある目的のため所定の編制をとらせること、あるいは編制にもとづくことなく臨時に定めるところにより部隊などを編合組成することを編成という。たとえば『第○連隊の編成成る』とか『臨時派遣隊編成』など」。「また作戦（または戦闘実施）の必要に基き、建制上の部隊を適宜に編合組成するのを編組と呼んだ。たとえば前衛の編組、支隊の編組など」（すべて、秦郁彦編『日本陸海軍総合事典』、東京大学出版会、一九九一年、七三一頁より引用）。

二、本書に頻出するドイツ軍の用語 Verband（複数形は Verbände）は、さまざまな使い方がされる。通常は、師団、もしくは師団に相当する部隊を表すのに使われるが、それ以上の規模の部隊を示すこともある。また、師団の建制内にない独立部隊を指す場合に用いられることもある。本訳書では「団隊」とし、必要に応じて「大規模団隊」などと補足した。

三、あきらかな誤記、誤植については、とくに注記することなく、修正した。

四、〔 〕内は訳者の補註である。

五、原語を示したほうがよいと思われる場合は、訳語に原語にもとづくカナ表記をルビで付し、そのあとに原綴を記した。おおむね初出のみであるが、繰り返したほうがよいと思われた場合にはそのかぎりではない。

六、Erkundungは、旧陸軍の用語でいう「偵察」(地勢を確認すること)、Aufklärung は「捜索」(敵の位置、兵力、行動等の解明)とし、訳しわけた。

七、ドイツ語の Panzer は、「戦車」、「装甲」、「装甲部隊」など、いくつかの意味を持つ。本訳書では、文脈に応じて、それぞれの訳を当てた。また、「快速部隊」(schnelle Truppen)もしくは「快速団隊」(schnelle Verbände)は、装甲師団・自動車化歩兵師団/装甲擲弾兵師団の総称である。

八、今日の人権意識に鑑みれば、問題のある表現も存在するが、歴史的文書であることを考慮して、ママとした。

序言

「砂漠・ステップ戦教令」は、北アフリカ、中東、南部ロシアの砂漠・ステップ地域における戦争の特殊性を扱うものである。かかる地域の耕作地については、とくに触れない。そこには、各将兵にとっておなじみの風土が存在するからである。山岳地帯については、山岳用の服務規程によって、さらなる知見を加えることを要する。また、冬季戦に関しては、気象条件に応じて、「冬季戦必携教本」を参照すべし。

あらゆるドイツ軍戦闘教令は、砂漠・ステップ地域においても価値あるもので、遵守されるものとする。

本教令の編纂は、主として、北アフリカの経験ならびに熱帯特別幕僚部の調査にもとづく。これらの経験は、他の戦域においても実証されることを要する。

郵便はがき

料金受取人払郵便

麹町支店承認

9089

差出有効期間
2020年10月
14日まで

切手を貼らずに
お出しください

1 0 2 - 8 7 9 0

1 0 2

［受取人］
東京都千代田区
飯田橋2―7―4

株式会社 作品社
営業部読者係　行

【書籍ご購入お申し込み欄】

お問い合わせ　作品社営業部
TEL 03(3262)9753／FAX 03(3262)9757

小社へ直接ご注文の場合は、このはがきでお申し込み下さい。宅急便でご自宅までお届けいたします。送料は冊数に関係なく300円（ただしご購入の金額が1500円以上の場合は無料)、手数料は一律230円です。お申し込みから一週間前後で宅配いたします。書籍代金（税込）、送料、手数料は、お届け時にお支払い下さい。

書名	定価　円	冊
書名	定価　円	冊
書名	定価　円	冊
お名前　TEL（　）		
ご住所　〒		

フリガナ
お名前

男・女　　　　歳

ご住所
〒

Eメール
アドレス

ご職業

ご購入図書名

●本書をお求めになった書店名

●ご購読の新聞・雑誌名

●本書を何でお知りになりましたか。

イ　店頭で
ロ　友人・知人の推薦
ハ　広告をみて（　　　　　　　　　）
ニ　書評・紹介記事をみて（　　　　　）
ホ　その他（　　　　　　　　　　　）

●本書についてのご感想をお聞かせください。

ご購入ありがとうございました。このカードによる皆様のご意見は、今後の出版の貴重な資料として生かしていきたいと存じます。また、ご記入いただいたご住所、Eメールアドレスに、小社の出版物のご案内をさしあげることがあります。上記以外の目的で、お客様の個人情報を使用することはありません。

第一章　地形の特殊性

砂漠

砂漠は、空間的にきわめて広大で、全《まった》き不毛の地である。降雨は皆無、あるいは、ごく稀であるから、植物の繁茂もほとんどみられない。ほとんどの地域で水は得られず、局地的に湧き水があるだけだ。多少の差はあれ、水はしばしば濃い塩分を含んでいる。

遠く広がる砂漠は、点在するオアシス、もしくはオアシス群に至るまで、無人の地である。そうしたオアシスを、隊商道や舗装されていない路《みち》（北アフリカと中東では、「ピステン」と呼ばれる〔Pisteの複数形Pisten。以下、本訳書では、「ピスト」とする〕）が、かろうじてつないでいるのだ。

北アフリカおよび中東では、砂漠地帯は往々にして、高原（砂漠台地）を形成している。それらはしばしば、急峻で岩だらけの段丘によって、さまざまな高さとなり、空間的には大小とりどりの高地に分割されている。ときに、おしなべて平坦であるか、あるいは、ごくわずかな起伏しかない砂漠台地の上に、不格好な山塊がそびえ立っていることもある。また、砂漠には、いくつもの深い谷が刻まれた山々もみられる。

台地の頂上部、とりわけ砂漠の近くには、涸れ谷（ワジ）が縦横に走っている。最初は平らでも、切り立った谷の両端に向かうにつれ、いよいよ険しくなっていく。このワジは、敵の観測や射撃に対して、良い隠蔽・掩護物となる。個々の高地のあいだの段丘や、深く刻まれたワジは、道が啓《ひら》かれているところを除けば、自動車や自動車縦列にとっては、ほとんどが障害となり、ごく少数の地点でしか通行できない。

地勢や地表の特性によって、粘土質砂漠、砂礫《されき》砂漠、石砂漠、砂砂漠、山岳砂漠に分類される（写真1～8）〔二五二～二五六頁〕。

(a) 粘土質砂漠は、おおむね平坦である。その地盤は堅固であるから、乾燥した気候においては、路外でも、重量級トラックに至るまで、あらゆる種類の自動車が快速で走行できる（写真1）。砂漠では例外的なことであるのはいうまでもないが、降雨があれば、そののち、粘土質砂漠は当面、舗装道路以外は自動車が通過できない状態になる（一時、ロシアの泥濘期同然のありさまとなる）。

(b) 砂礫砂漠は、平坦であるか、ゆるやかに波打っている。細粒から粉塵までの大小の土石から成る、粗い地質だ。粒の粗い砂、礫、それよりも小さな石などが、地表に混在しているのである。より粒の大きな土砂が表層部を覆っている。砂礫砂漠では、夜間においても、あらゆる車輌が中程度の速度で走行できる（写真2）。

(c) 石砂漠は、発達した岩盤により構成され、こぶしや頭ほどの大きさの角張った岩石の破片が、一面にまき散らされている。その地盤は堅固であるため、路外においてもおおむね、大型トラックに至るまでの自動車すべてが走行可能である。ただし、速度は最低限まで落ちる（いくつかの石砂漠は、背の高い石塊で表面が覆われているため、道路以外の走行はできない）。夜間行軍は、運転手と車輌に大きな負担をかけることになる。石砂漠をつらぬくワジには、しばしば、けわしい斜面があり、適宜工事をほどこさなければ、通行不可能である（写真3）。

(d) 砂砂漠は、砂粒が粗く、地質が稠密なところでは、一般に車輌で走行し得る。しかしながら、砂砂漠が流砂や砂丘から成っている場所は、自動車にとっては、困難な障害物となる。そうした箇所は、特殊な大型低圧タイヤを付けた装輪車輌のみが通行できる。往々にして、砂礫砂漠や走行可能な大粒の砂砂漠が、通行不可能な砂丘多数のそれと直接交差しているものであるから、砂砂漠にあっては常に、走行前の偵察をあらかじめ実施しておくことが必要である（写真4）。

(e) 山岳砂漠は、さまざまな高さの山々であり、一部は高山の性格を示す。そこでは、道路を除けば、いかなる種類の車輌も通行できない。

砂漠の顕著な特徴は、以下の通り。

―掩護物の欠如。多くの場合、それが周囲数キロにおよぶ（第九章参照）。

―はるかな距離まで見通せること（第五章参照）。

―道路が貧弱であること（第三章参照）。

―突如出現する砂嵐（第六章参照）。

―住民皆無（第六章参照）。

―日中の酷暑と夜間の極寒（第九章および第一〇章参照）。

―ほとんどの地域で、まったく水が得られない（付録八参照）。

砂漠の気候は、日中を通じて、きわめて高温である。夏季の数か月間には、日陰にあっても、最高気温が摂氏四十五ないし五十度になることも珍しくない！　冬季でも、気温は摂氏三十度を超える。だが、夜になると、急激に冷え込む。夏季の日出直前で零度そこそこ、冬季には零下七度まで下がる。

空気は乾燥しており、酷暑や寒冷をしのぎやすくしている。しかしながら、夜間の寒冷時に出撃する際には注意すべし（第一〇章参照）。

海岸地域での最高気温は非常に低い。さりながら、大気の湿度が高いため、しばしば、うだるような蒸し暑さになり、内陸部の乾燥した酷暑よりも、疲労をもたらす。

冬季の雨は、海岸から砂漠に向かい、四十ないし百キロ幅で帯状に降る。北アフリカでは、北の方角から冷たい風が吹くときには、短期間の驟雨《しゅうう》となる。湿った寒い空気は、冷たい北風と相俟《あいま》って、きわめて辛く感じられる。

沿岸地域では、夏季・冬季において、夜露がはなはだしい。

日光が強烈である場合、沿岸地域では熱射病の危険がある。また、たとえばオアシスのように、湿気が高い場所では、熱射病に用心しなければならない。

ステップ

ステップは、降水量が極小な地域であるため、ほんのわずかの植物が生育するだけの条件しか整っていない。一年中降雨があるわけではなく、まったく雨が降らない「乾季」に続く「雨季」に限られる（写真7）。

雨季には、植物は比較的繁茂する。それらは乾季において、しだいに枯れていくが、足ることを知る獣たちに、冬に至るまで充分な食物を提供するのである。ステップの大部分では、人工的に給水しなければ、耕作は不可能だ。

おおよそ平坦であるか、多少の起伏がある平地（海抜二百メートル以下）のステップのほかに、山岳・高地ステップがある。山岳ステップに育つのは、ほとんどが雑草である。高地ステップには、多年生草木や背の低い灌木《かんぼく》が生える。川沿いには、しばしば、ヤナギ、ギョリュウ、ポプラの叢林地帯がみられる。

乾草原に近づくにつれ、植生はどんどんまばらになり、地表の、剝き出しになった部分の割合が増えていく。

ステップの顕著な特徴は、以下の通り。

—地表を覆うものが乏しいため、一部には掩蔽物が欠如している。一方、人の背丈ほどに植物が繁茂している箇所もあり、よい掩蔽・隠蔽物となるが、射界をさえぎる（高い場所から射撃することが必要になる）。

—遠距離において、良好な視界が得られる（砂漠に比べて、砂嵐が起こることは稀である）。

――夏季には酷暑に見舞われ、降雨があるのは例外的なことである。冬の雨季には、雨か、雪が降る。
――道は無きに等しいが、地表は（砂漠同様）十二分に走行可能である。

ステップの気候は、夏季には、砂漠のそれに似る。冬の気候は、それぞれのステップ地域できわめて多種多様である。低地にあるステップ、とくに海岸近くでは、多雨がみられるものの、比較的温暖な気候だ。

高地ステップ、もしくは南部ロシアのステップにおいては、降雨はときに降雪となる。そこでの冬季の気候条件は、ヨーロッパ、またはロシアのありさまと同様である。

ステップは、牧畜・農業が営みにくいため、人口稀薄である。また、一般的に道路は貧弱で、ごくわずかな主要交通路数本につらぬかれているだけだ。舗装されていない道路は、場所によっては、雨が降ると土台が軟弱になるため、自動車や牽引車両は走行できなくなる。支道では往々にして、河川に橋が架かっていないか、地元で使われるような軽い荷車などが渡れる橋があるだけだ。

水事情は、個々のステップによって、さまざまである。一年を通じて、水が流れている河川が存在する。湧き水や泉は、砂漠よりも多々みられる。水流によってもたらされる水の量は、降雨の多寡《たか》に左右される。そこにある泉や河川の水は、飲用に適さないか、塩分を含んでいることがある。

多くのステップ地域においては、大規模団隊の備蓄に当てるには、現地の水では不充分である。従って、ステップ地域での水の補給については、砂漠地帯同様に注意を払うべし。

砂漠ステップ

砂漠ステップはとりわけ、砂漠と多雨地帯の中間地域、もしくは、砂漠と海岸が接するところの狭隘な沿岸地帯にしばしばみられる。ただし、ステップや砂漠においても、砂漠ステップが島状に点在していることはある。

雨季の長さによって、砂漠ステップは、ある年にはステップに、また、ある年には砂漠に、より似てくる。

第二章　部隊の編制、武装、訓練の特殊性

砂漠の運動戦に適するのは、自動車化部隊、なかんずく装甲部隊のみである。充分な給水が可能なステップ地域においては、自動車化されていない部隊を投入することもできる。山岳地帯では、しばしば、相応の装備をほどこした山岳部隊が必要になる。通常、砂漠、もしくは砂漠類似のステップで行動するために、部隊は、予想される地勢に応じた編制・装備を得る。かかる部隊は、詳密な教育訓練を行うことにより、当該戦域の特殊事情に備えなければならない。

砂漠・ステップの戦闘にあっては、射撃を開始できる距離が長大であるため、機関銃やその他重火器に対する小銃の重要性は減少する。従って、部隊は、機関銃と重火器によって、とくに強力に武装しなければならない。砂漠・ステップにおいては、いつでも戦車・装甲偵察車多数が出現することを想定すべきであるから、装甲貫徹能力がある兵器を豊富に装備することが必要になる。

あらゆる兵科において、小戦隊が独力で戦うということが、攻防両面でしばしば生じた。よって、将兵一人ひとりが重火器の操作に関する訓練を受けなければならない。小銃と短機関銃の教育訓練だけでは充分でない。

砂漠・ステップの戦闘で、広く散開した隊形を取ることは、個々の将兵に多大なる負担を課すことになる。独断で行動し、予想だにしなかった状況に素早く対応、常に自ら敵を奇襲できるようにしなければならない。方位測定術にすべて習熟し、とくに偽装と地形を利用する能力に優れていなければならぬ。酷暑と渇きに耐えることができ、熱帯衛生上の措置を習得していなければならないのである。

砂漠・ステップで戦うためには、身体的に熱帯で勤務可能であるだけでは充分でない。性格的な適性も同様に重要だ。兵士は往々にして、ただ独り屋外に配置される。敵と戦闘するのみならず、風土の過酷さが、完全なる男子を要求するのである。

ムスリム諸国にあっては、イスラム教の特性、風俗や習慣、イスラム教徒が宗教的な事柄に対して過敏であることに、格別の配慮を要する。言動についての手引きは、付録一一に掲載されている。

兵器、機材、自動車の最大の敵は、いたるところに入り込む砂塵である。それによって、兵器は障害を起こし、何よりもエンジンが寿命よりも早く消耗するという結果が引き起こされるのだ。あらゆる防護措置に関する知識を持ち、細心の注意を払って、兵器、機材、自動車を手入れすることは、とくに重要であり、交戦の勝敗を左右するような意義を持つこともあり得る。

第三章　砂漠・ステップにおける位置標定

砂漠は、広大で、道無きも同然の地域だ。たいていの地点で、目印になるものが存在しない。従って、昼夜を問わず、道に迷いやすいのである。砂漠、あるいは水の得られないステップでさまようことは、確実に死を意味する。よって、将兵すべてが、コンパス、地図、航空写真、天象による方向測定に習熟していなければならない。少なくとも一日分の水を携行するのでなければ、兵士一人、車輌一台といえども、部隊を離れることは許されない。

砂漠の周縁部では、いくつかの街道や鉄道が通っており、それに沿って、ごくわずかではあるが、住民もいれば、休憩所もある。それらにより、地図や航空写真を使って、明瞭な方向測定も得られるのだ。

加えて、砂漠のなかにも、隊商路や、舗装されてはいないものの、自動車が走行できる道が走っている。これらは、個々の集落や水汲み場、オアシスなどを結んでいるのである。かかる道のうち、もっとも重要なのは、地図に記されているか、航空写真で見て取れるものだ。とはいえ、補助手段なしに、地図や航空写真に頼るだけで、正確な方向測定を行うことは、いつでも可能というわけではない。

経験的にわかっていることだが、砂漠においては、作戦地域に多数の軌跡が生じ、それらが幾重にも錯綜する。こうした軌跡の上を何度も走行するうちに、その地盤が細かい砂塵に砕かれ、車輌が動いたり、風が吹くたびに、土煙を巻き上げ、視界を妨げる。そのため、運転手は、砂埃を上げることが比較的少ない、軌跡の外側に車を走らせることになる。それによって、軌跡も広がり、見逃しにくくなるのだ。夜間には、この軌跡を視認できないこともしばしばである。砂嵐や降雨の際にも、軌跡は往々にして、たちまち消え去ってしまう。この種の軌跡は方向測定には適さない。ステップにおいても一般に、方向測定に適する地点はない。ごくわずかながら存在する街道、小道、水流は、位置標定を容易にしてくれるが、方向測定に使用できるあらゆる補助手段に関する知識が無用になるわけではない。冬季には、雪の吹き溜まり、とくに一面の積雪が、地表の風景を完全に変えてしまうこともあり得る。そのため、地図や航空写真による位置標定が著しく困難になるのだ。

砂漠・ステップにおける方向測定は、状況と任務により、以下のごとく実行され得る。

(a) 方位、あるいは、指定された行軍方向（突進線）の測定。

(b) 踏破してきた行軍経路の長さにより、行軍中の現在位置を標定する。

(c) 地理的な距離や緯度、天体観測による現在位置標定。

方位、もしくは、指定された行軍方向の測定にあたり、将兵は補助手段を用いることが可能である。

—磁気コンパス（行軍コンパス、航法コンパス、指揮官用コンパス）。
—太陽（ソーラー・コンパス、時間による太陽の位置）。
—夜空の天象。
—人工の目印（石を積んだピラミッド、ケルン、古ドラム缶、照明缶〔大型ランタン〕、方向標識、架台や竿）。

測定者が鉄を帯びていない場合、つまり、ヘルメットや小銃などを遠ざけ、他の磁気の妨害を受けないところにいれば、行軍コンパスは磁気により、北を指す。また、自動車より二十ないし三十メートル離れたところで、方角を確定すること。

ソーラー・コンパスは、緯度の低い地域にあっては、とくに自動車に適した方向測定の補助装置である。その利用にあたっては、地理的な距離、緯度、時刻を知っておくことが前提になる。地理的距離と緯度は、可能なかぎり縮尺の小さな地図から取ること。指針盤と中東の現地時間への時刻換算表の使用は、観測員が充分訓練されていることが前提条件となる（付録五参照）。

航法コンパスは、装甲されていない車輌に固く装着される。自動車の鋼鉄製部品、回転中のエンジン、兵器、その他の機器は、磁針を異なる方向に強く偏向させ、さまざまな行軍方向を指し示すようにさせることがある。修正表を作成できるのは、磁気測定隊のみだ。よって、頻繁に再測定するように心がけるべきである。修正表が手元にない場合には、行軍コンパスにより、中間地で行軍方向を再確認すべし。

同様のことが、指揮官用コンパスにも当てはまる。

コンパス、時刻、自動車の走行距離計による方向測定は、砂漠・ステップにおいて位置標定を行う際、もっとも常用される方法である（三九頁参照）。実例は、付録二に示した。

応急措置として、行軍済みの距離を測定することは、自動車化部隊にあってはコンパスと走行距離計（キロ）、非自動車化部隊にあってはコンパスと時計により、実行可能である（詳細は付録三をみよ）。

地理的距離と現在位置の緯度測定は、天体観測により、〇・五ないし一キロの誤差範囲内で遂行し得る（測定は、天文観測隊、測量・地図部によって行われる）。

個々の兵士に至るまで、行軍コンパスの使用法を確実にマスターしていなければならない。

加えて、あらゆる将校ならびに一部の下士官は、応急的にコンパスと時計を使い、走破距離を測定できるようにしておかなければならぬ。

すべての自動車の運転手は、たびたびの方向転換を含め、行軍コンパス、ソーラー・コンパス、航法コンパスを利用しての運行に関する教育訓練を受けていなければならない。最重要の星座を知っておくことにより、夜間の方向測定を可能とするか、あるいは、著しく容易にすることができる。それらは、大熊座〔北斗七星〕、小熊座〔小北斗七星〕、オリオン座（図10）である。大熊座と小熊座は、天の北極付近にある北極星を見つけるのに役立つ。オリオン座は一年中、その「帯」となり、ほぼ垂直に重なった三つ星とともに、東から昇り、水平に並んだかたちで西に沈む。砂漠の夜は、ほとんど常に満天の星空となるから、星々による方向測定はいつでも可能である。

夜間、コンパスの度数目盛に従って行軍する場合には、行軍方向にある星々のうちから、どれか目立つものを方位基準点とすることができる。ただし、星々は、その位置を変えていくことに注意しなければならない。よって、十五分ごとにコンパスで方角を確認し、必要な場合には、他の星を方位基準点に選び直すこと。

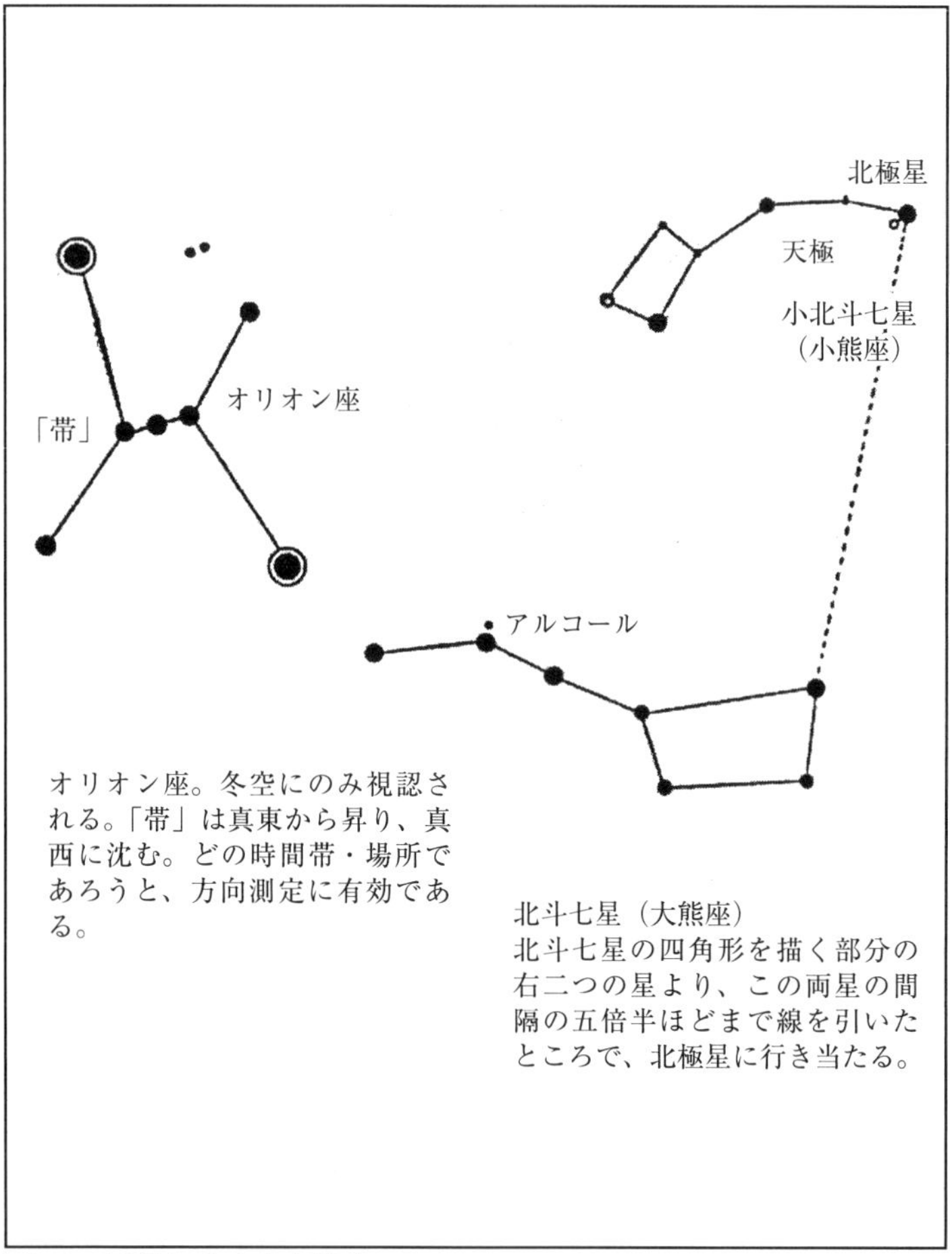

図 10　天体による方向測定

月による方向測定には、通常、以下のことがあてはまる。
―上弦の月（日没後、夜間に視認される）は西にあり、半月部分が狭小であるほど近づいてくる。
―下弦の月（日出前、未明に視認される）は東にあり、半月部分が狭小であるほど近づいてくる。
―満月は、真夜中に南に位置する。それが高く昇ると、正確な天測が困難になる。

月の明るい夜には、あたりがくっきりと照らし出され、かなりの遠距離からでも方位基準点を視認することができる。広正面で車行することも、個々の自動車の視認連絡維持も可能になるのだ。

月のない夜は、たしかに相当明るい。とりわけ、空が雲に覆われていない場合にそうであるが、その場合でも（砂嵐や雪嵐の際と同様）、あらゆる車輌は、各車輌が道を誤らないよう、軌跡上を進まなければならない。

太陽と時計による方向測定（陸軍業務指示書一三〇／二a、第一八〇条ならびに第一八一条）は、すでにヨーロッパにおいても、著しい欠陥を来している（夏季で、気温二十度以上の場合）。

緯度の低い地域では、そうしたやり方はまったく役に立たず、それゆえに禁止される。が、南部ロシアのステップにおいては、使用可能である。ただし、正午前後の数時間には、太陽の位置が高すぎるため、その状態によって正確な方向測定を行うことはできない。

一方、早朝および夕刻には、太陽の位置により、良好な方向測定が得られる。春と秋のはじめには、太陽は正確に東から昇り、西に沈む。

夏季に方向測定を難しくするのは、正午ごろ、毎日のように現れる蜃気楼である。遠くのありさまが、まったく歪んだかたちで映し出されるのだ（たとえば、低い茂みが、蜃気楼によって、上空高くにあるように思われたり、ブリキのガソリン容器が戦車に見えたりする等）。砂漠・ステップにおける地図の信頼性は、さまざまである。縮尺の大きな地図があることは稀だ。撮影が古すぎる航空写真は、方向測定の助けにならない。

報告と命令下達に際しては、錯誤を避けるために、地図についての正確な記述が必要となる。記載されるべき事項は……。

—地図の出所（ドイツ製か、イギリス製かなど）。

—縮尺。

—どの版の地図であるか。

小縮尺の地図により地勢の細目を示すことは、きわめて稀な場合にのみ可能である。従って、そうした地図から、目標到達のためのコンパス方位を割り出すことができるのは、例外でしかない。一方、コンパス、時刻、自動車の走行キロ距離計で測った走行距離は、充分正確に地図に記載し得る。

それゆえ、各将兵は、あらゆる機会を捉えて、当面の道路のようすの報告や地形のスケッチを行わなければならない。その成果は、担当の測量幕僚部に送達される（付録三）。各部隊が完成させた道路図に従い、小部隊を行軍させることも推奨できる。かような図には、人工の目印は、とくにはっきりと示しておくべし。

コンパスと踏破距離計を使って、命じられた目標への行軍を準備しておくことも可能である。よって、地図や既存の道路図により、取るべきコースや距離を伝達しておくこと。行軍中、特別の河川のために、予定された行軍路から離れることを余儀なくされる場合には、付録二cおよび二dに従って、行動すべし。

道路を離れた長途の行軍に際しては、大規模部隊になるべく天文測量隊を配属するべし。夜間、〇・五ないし一キロの誤差範囲内で正確に現在位置を測定するには、一時間ほどか

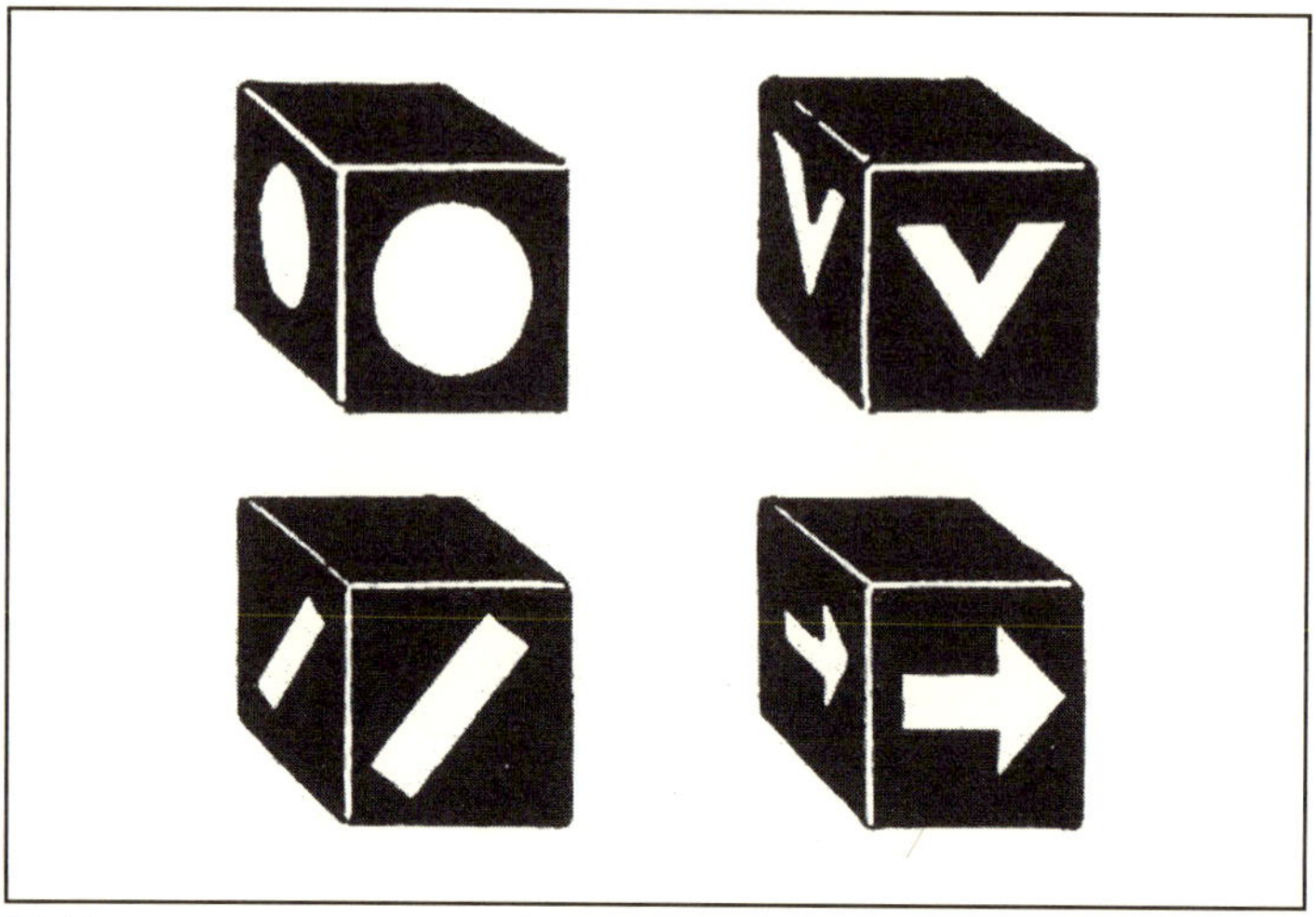

図 11

かる。日中には、三ないし四時間である（太陽の位置は、二度、まったく異なる場所で測定しなければならない）。

内陸部における位置標定を容易にするため、重要な地点に人工の標識を置くことが有効であると証明されている。そうしたことに適しているのは、石を積んだピラミッド（付録一二の写真8）、ケルン、古ドラム缶、照明缶（図11）、木製方向指示器である。ステップにおいては、高枝や簡単な架台も有効だ。それらは充分に大きく、明瞭かつ長持ちするように印を付され、地面にしっかりと固定されていなければならない。その設置は、命令により規定される。個々の隊が、自らの印を勝手な数だけ設置することは禁止されている。こうした標識が地図や道路図に記載されていれば、すべての部隊の方向測定を容易にする。設置された標識は、たびたび点検すべし。

天文測量隊により、こうした標識の位置を定めること、その結果を地図に記載するため、測量幕僚部に報告することは、目的にかなっている。

自動車運転手が一定目標（標識や特定地点など）への針路を維持するのをたやすくするため、運転手の前方、冷却器の上に棒を立て、風防ガラスに一筋の線を引くことも有効であると証明された。目標への針路が正しく設定されているなら、棒、線、目標が重なって、一致するはずなのである。

命令下達や報告伝達のために突進線（付録一）を利用する際、目標となる地点が少ない場合には、突進線に沿ったコンパスの度数目盛を確定して、命令してやらねばならない（ときには、天文測量隊による突進線の点検がなされる）。報告伝達に突進線を使用する場合の実例は、付録二eに掲載した。

方向測定の補助手段としては、さらに、二つの隊の照明弾を使った相互方位測定（とくに夜間）が考慮に価する。その際、照明弾を無用に高く打ち上げることは許されない。敵の注意を引かないようにするためである。

道に迷った場合、あるいは、砂漠での緊急事態における行動については（その趣旨は、ステップにおいても当てはまる）、付録七に手がかりを載せた。航空機による捜索時間と部隊への詳細な指示に関しては、空軍との取り決めが必要である。

第四章　保安

砂漠・ステップ地域では、最前線のはるか後方を行軍、あるいは休息中の部隊にあっても、各員が、つぎのことがあり得ると思っていなければならない。

—航空攻撃。

—敵自動車化・装甲部隊による、正面、側面、後方からの攻撃。

—空から降下した、もしくは海上から上陸した隊による奇襲。

—武装した原住民や匪賊《ひぞく》による襲撃。

こうしたことゆえに、警戒・保安任務は、輜重隊や補給部隊、独行する車輌を含む、あらゆる部隊にとって、特別の重要性を持っているのである。

行軍する諸隊は、空襲と地上からの攻撃に備え、良質の道路では縦深を組み、路外では、全周を警戒できる戦隊を編合し、正面幅と縦深を取るように区分される（六一頁参照）。対空監視員は常に充分に配分すべし。側面・背後からの戦車攻撃に対して、装甲を貫徹できる兵器を配備すること。荷台に積んだ対戦車砲は、車輌上から射撃できるようにしておかなければならない。機関銃は、対空射撃準備を整えておかねばならぬ。対戦車近接戦闘機材は、いつでも手元に寄せておかねばならず、対戦車近接戦闘隊もすぐさま投入できるようにしておかなければならない。休止・野営時には、部隊は全周配置を実施し、保安に当たる。戦闘中の隊は、全周配置をほどこした状態で休息すること。敵の射撃や空襲の効果を減少するよう、広範囲に展開しなければならない。砲兵も、全周射撃ができるように配置される。指揮官は、輜重隊同様、右記のように構築された拠点の中心部に位置する。

個々の自動車、小部隊は、夜間にはなるべく、他の休止中の部隊に合流するように努める。

輜重隊と補給部隊は、戦闘部隊に編合されているのでないかぎり、特別の掩護を必要とする。

敵が至近にある場合には、警戒配置から、哨所や警戒車輌を前進させる。これらは、日中には充分遠くまで出せるが、夜間には、声の届く範囲か、少なくとも、はっきりと速やかな情報伝達ができるところまで下げるべし（右の記述をみよ）。

敵と戦闘接触中であったなら、警戒隊は緊密に相接し、互いに支援可能な状態に置かれなければならない。とりわけ夜間には、往々にして重火器で武装した敵の斥候隊や小部隊が、音もなく忍び寄ってくることを計算に入れるべし。その目的は、味方の警戒隊を個々に排除するか、警戒配置の空隙を縫って浸透し、味方後方部隊を奇襲することである。

敵の急襲攻撃が予想される状況にあっては常に、ごく短い時間で投入できるようにされた応急小隊を配備することが必要となる。かかる応急小隊が、進発、もしくは戦闘準備を整えるためにかける時間は、命令により規定、査閲すべし。

警戒態勢の緊急度が高まった際には、戦闘車輌一両、あるいは兵器一基につき、一名を監視に付け、それらの兵器をただちに使用し得るようにしておかねばならない。各車輌は走行準備を整え、運転手一名を配しておかなければならない。兵器の操作要員、または乗員は、兵器や自動車（戦車を含む）の側、もしくは至近距離で休止すること。

警報のやり方も、命令で定めておき、各将兵に周知させておかねばならぬ（広範囲に展開すれば、たいていの場合、空の缶を叩く等、音による警報手段が必要となる）。

防御において、各部隊は、戦闘前哨のかたちで警戒隊を押し出し、保安に当たる。それらの中核となるのは、一般に、自動車化砲兵、対戦車自走砲、装甲擲弾兵《パンツァーグレナディアー》〔Panzergrenadier. 自動車化歩兵〕による混成装甲斥候隊で、ときに戦車や高射砲で強化される。装甲観測車輌を随行させることで、しばしば、陣地からの砲兵支援を確保できるようになる。

警戒保安という課題の多くは、攻撃によって解決される。優越する敵の眼前で退却する際にも、敵の装甲・自動車化縦隊との接触、とくに側面におけるそれを失うことは許されない。陣地前面の警戒地雷原内の通路は、（夜間にも使用できるよう）明示しておかなければならない。敵に対したときに、封鎖地雷原の目印を取り除いておくのも、往々にして警戒隊の任務となる。

夜間ならびに視界が悪い場合には、警戒隊はしばしば、その位置を変える。警戒隊は、聴音哨を設置し、歩兵や対戦車砲兵《パンツァーイェーガー》〔Panzerjäger〕を投入することで、保安に当たる。警戒隊の部隊本部への報告は、陣地にある部隊にも伝えられなければならない。戦闘中の隣接警戒隊の協同行動は、互いの無線連絡を傍受することによって容易になる。

警戒隊を前面に押し出しているときであっても、陣地に配された部隊は、日中は見張員を置いて、保安に当たらなければならない。それらは、おおむね味方戦線内に位置する。見張塔（たとえば木製の塔）の設置は、その任を容易にする。

夜間には、敵との距離が遠くとも、常に聴音哨を設置すべし。

砂漠・ステップには、偽装や掩体の可能性は無いも同然であるから、部隊が対空防護をほどこすことは、きわめて重要である。それをなおざりにすれば、結果として、大損害を被りかねない。

従って、他の戦域以上に、部隊の防空に関する教令・教本に綿密なる注意を払うべし。

なかんずく、以下のことに注目せよ。

―移動中。自動車は停止、乗員は下車して、掩護物のもとに赴き、使用できるすべての兵器を以て、飛行目標撃破に備える。

―小休止・大休止。天幕、自動車は埋伏する。地表が石で覆われている場合には、天幕や自動車のまわりに石を積み上げ、隠蔽する。退避壕を設置し、飛行目標撃破に備える。

匪賊制圧の方針としては、一九四二年十一月十一日付「東部における匪賊制圧戦に関する指示」（陸軍業務指示書一a、六九頁、付録二、第一号）が適当である。

第五章　捜索、見張、報告

捜索されるべき地域の縦深と幅は、いつでも、ヨーロッパ戦域におけるそれよりも、はるかに広大である。それに相応して、捜索任務に用いられる手段への要求も高くなる。通常、砂漠やステップでの捜索任務を達成できるのは、自動車化された捜索隊のみである。

こうした地域では、航空捜索に特別の意義が付与される。地表に掩蔽物がないほど、航空捜索は、より優れた成果を挙げるであろう。

戦術的捜索を行う斥候隊は、しばしば装甲偵察車のみで組まれる。特定の任務のためには、装甲偵察車、歩兵装甲戦闘車、対戦車自走砲などを編合する。装甲斥候隊はおおむね、さように編合されるので、脱落車輌の牽引も可能になる。

燃料、弾薬、給養品、水の携行量は、任務にかかる期間の長短によって定められる。捜索成果を迅速に伝達するには、無線機器が欠かせない。

装甲斥候隊が、定置斥候隊として投入されることもしばしばである。それらは遠く前遣されるため、いかなるものであれ、敵の強力な部隊の移動を察知する。この定置斥候隊は、同時に味方の諸措置を隠蔽する機能も果たす。とくに大規模な移動において然り。しかしながら、小規模な企図にあっても有効である。

夜間には、敵に奇襲的に排除されないよう、定置斥候隊を収容するか、その陣地を転換させなければならない。

敵の側面深くに配置された捜索隊には、通常、戦闘任務も付与される。そうした部隊は、任務に応じて、重火器、または砲兵によって強化される。

大胆不敵な指揮を受けた斥候隊は、敵の後方、なかんずく、その補給設備に、大損害を与えることができる。砂漠の地形が見通しにくくなるほど、また、敵がステップ地域の繁茂した植物に隠蔽されているほどに、詳細な戦闘捜索がいっそう大事になってくる。

拠点や野戦築城に対する攻撃に際しては、戦闘捜索の意義はより高まる。砂漠・ステップにあっては、敵は、たいていの場合、防御戦区の幅を広く取り、多数の偽陣地・施設を設置しているからである。

開けた砂漠やステップで戦車団隊が攻撃する前に、戦闘捜索を行うことは、おしなべて視界が遠くまで見通せるため、往々にして無用であるばかりか、多くの場合に有害でさえある。戦闘捜索が、味方の接近を暴露してしまうからだ。しかしながら、状況が不明瞭であるときは、おおむね、捜索を放棄することはできない。自隊側面に対する戦闘捜索は常に必要である。そこには、ほぼ絶えることなく、脅威が存在しているがゆえだ。

幅広く捜索を行うことにより、敵に対し、味方部隊の突撃方向を欺騙《ぎへん》することも可能でである。とくに、大量の砂煙を上げることで、数両の自動車であっても、敵に味方の企図を誤認させることができる（九・一二項を参照〔原書の誤記か。そういう箇所は存在しない〕）。

敵の無線通信傍受による通信捜索は、砂漠・ステップにおいては、敵の行動や企図を判断する土台を早期に提供する。それゆえ、格別の価値があるものだ。従って、味方の無線通信規律も模範的でなければならず、通信のやりようも、絶対に命令通りのスタイルを維持すること。

敵は、原住民、もしくはヨーロッパ人のスパイを使って、わが戦線内、あるいは、その後方の事情を探ろうとするであろう。見知らぬ人物に対しては、すべて不信を以て接するのが適当である。防諜規定を厳密に遵守すべし。

砂漠・ステップでの見張任務は、見通しが利くため、驚くほどの重要性を持ち、捜索への貴重な補完となる。

見張任務を課せられた者はすべて、砂漠・ステップにおける自動車化団隊の移動速度の大きさゆえに、重大な責任を負う。常に緊張し、細心の注意を払うことが要求される。素早い情報伝達（たいていは無線による）要領を確保すべし。

砂漠・ステップ戦は、広大な空間で行われるため、円滑な報告実施が求められる。多くの部隊がともに無線通信を聴取すれば、伝令を出すことなしに、情勢を迅速に周知させることが可能になる。

しかしながら、個々の伝令の訓練には（誰であろうと、その任務を付すことができるようにしておかなければならない）、特別の重要性があるものとする。

良好な見張地点を選ぶことは、とりわけ重要だ。少しでも隆起した場所であれば、もう見通しの良さが保証される。日中、気温が上がる時間には、大気がきらめき、また、常に蜃気楼が発生するため、見張は、きわめて負担がかかる困難なものになる。動くものであれば、何であれ、発見しやすくなるが、移動する自動車の種類や数は、砂塵が舞い上がるため、ごく稀にしか確認できないことが普通である。自動車の敵味方識別も非常に困難で、細心の注意を必要とする。

見張の成果は、ただちに報告される。が、それとは別に、可能なかぎり文書にしたため、交代する見張員に渡すべし。広大な戦区において得られた見張の成果は、一定の間隔を置いて、詳細に検討されるべきである。かかる措置によってのみ、たとえ巧妙に偽装されていようとも、敵の位置変更を確認することが可能になるであろう。

位置関係の付記は、一般に突進線（付録一をみよ）によって報告すること。小戦区については、コンパスの度数目盛と距離を付すだけで充分である。

防御に際して、前地〔陣地等の前面の地域〕におけるすべての動きを、迅速かつ正確に報告するため、地点標識網（目標地点についても同様）を作っておくのが有効であることが証明されている。これらは、石のピラミッドのような目立たぬ印によって、それとわかるようにすることができる。伝令車輌と徒歩伝令は、日中には、踏破する予定の道路距離について、正確に指示されなければならない。夜間には、日中に何度となく往来したことのある道であろうと、コンパスの度数目盛により、道路の距離を測らなければならない。

夜間、知らない道を車行するのであれば、伝令には、とくに詳細な指示を与え、行軍コンパスの度数目盛や距離を指定するべし。たいていの場合、発光信号で伝令を誘導してくれるよう、宛先の部署に要求するのが適切である。

重要な報告を、単一の道により、長距離にわたって伝達することは許されない。とくに、一両の伝令車輌のみに頼るのは不可である。少なくとも、二種類の通信手段、二両の伝令車輌、二名の伝令を配置すべし。

すべての将兵が、夜間においても、自隊の状況や指揮所の所在について、詳しい情報を与えられるようにしておかねばならない。

第六章　行軍

一般事項

砂漠・ステップにおける行軍は、人員・機材に、きわめて大きな負担をかける。行軍の遅延や行軍による消耗は往々にして、深刻な結果をもたらすことがある。多くの場合、兵力は限られているし、部隊に対しても、極度に大きな行軍速度を要求しなければならないことがしばしばだからである。砂漠・ステップのただなかで、単独で動いていた自動車が故障すれば、その乗員が最悪の危険にさらされることもあり得る。

砂漠・ステップは、行軍する部隊を個別の行軍団に分割するのに、きわめて適している。敵と接触することが予想される場合には、かかる行軍団は戦隊に編合される（六二頁参照）。それらは、左右前後に相接しつつ行軍するのである。輜重隊と補給部隊は、戦闘部隊に編入される。砂漠・ステップ地帯の道路においては、それに相当するヨーロッパの道路同様の行軍率が達成可能である。ただし、日中の暑熱や砂嵐のもとでは、正午ごろに大休止を取ったり、整備上の理由から頻繁に停止することが必要になるため、行軍率は落ち込む。

かような地域での行軍率〔一日あたりの数字と思われる〕は、以下の通り。

(a)　装軌車輌で約百キロ。
(b)　装輪車輌で約百五十キロ。
強行軍の際でも、一般に要求し得る行軍距離は、左記程度である。
——装軌車輌で百五十キロ。
——装輪車輌で二百キロ。

これ以上に行軍率を上げようとするなら、技術上の理由で脱落する車輌の数が急速に高まることを覚悟しなければならない。

天候と日照時間の影響

移動を隠蔽し、自動車を保護するために、しばしば夜間行軍の必要が生じる。月のない夜には、こうした行軍は困難であり、参加将兵の綿密なる準備と最高度の注意を必要とする。大規模団隊の夜間行軍にあっては、行軍速度は、時速十ないし十五キロまで低下する。

自動車の脱落や損傷の数が高まることも計算に入れるべし。

日中の気温が高い時間における行軍は、過酷なものであり、機材の過剰負担から来る脱落車輛増加につながる。それゆえ、酷暑の数時間はなるべく大休止と整備のための停止に用いるべし。砂嵐の際の行軍は、自動車機材と兵器に、とくに極度の負担をかける。加えて、霧中行軍同様の困難ももたらす。よって、砂嵐を衝いての行軍は、緊急事態のみにとどめるべし。

道路・地表事情の影響

砂漠・ステップでの街道上の行軍は、酷暑や砂嵐の影響がなければ、ヨーロッパの街道における行軍に相応した速度が得られる。砂漠・ステップでは、空からの脅威が大きいことに配慮し、いかなる場合であれ、街道上で停止することは避けるべし（渋滞の原因等にもなる）。

砂漠・ステップでは、停止時に自動車を街道脇に置き、また、大休止時には、それらを路外に広く散開させることが可能である。

月のない夜には、街道上の車行といえども、格別の注意を要する。ヨーロッパにあっては運転手の進路維持を容易にしてくれるような目印（木々や白く塗られた石など）があるが、街道沿いにも、そうしたものはない。それゆえ、夜間、運転手は、運転助手や乗員の誰かによって、車行中に補助されなければならない。

ピストは、土台の状態や利用頻度によって、幅一キロにもなることがある。防塵のため、大なる車間距離を取るか、直接前走車輌のあとにつくのではなく、並行する複数の縦隊を組んで、車行すること（六一頁）。

燃料消費率は、路外走行においては、およそ五十パーセント以上も上昇する。石砂漠を車行する際には、車台に非常に大きな負担がかかるため、とくに注意すべし。

行軍準備

ヨーロッパにおける原理原則が、完全に有効である。しかしながら、砂漠・ステップの特殊事情により、追加措置が求められる。特別措置の詳細については、「自動車業務」の章をみよ。

行軍遂行に関する細目

通常、戦区ごとに行軍する。かかる戦区は、地図、突進線、またコンパスの方角や距離によって、定め得る。

敵の近くにあっては、行軍長径を短縮し、戦闘即応性を高めるため、可能であれば、展開して行軍する。その際、往々にして、全周守備態勢を取るのが適当である。すなわち、先頭、両側面、必要かつ可能であれば、後尾にも戦車と対戦車砲を配して、行軍するのだ。はるか前方を偵察し、路外を横断する行軍の針路を統制するために、航空機を投入することは、日中を通して有効である。その際、針路を知らせるために発煙信号を用いることができる。

正確な道路偵察は不可欠である。これは、あらかじめ梯隊を組んで前遣される捜索機関によって実行される。かかる部隊が、石のピラミッドや棒を立てて、目印とするのである。装軌車輌が使われている場合には、同じく履帯の軌跡も、道のありかを示すのに用い得る。障害物があることが予測される場合には、偵察隊に工兵を配属すべし。

夜間には、道路標示は、発光、もしくは照明器具によって行われる。照明缶の使用は、長距離におよぶ縦列の誘導や後退の際にも、目的にかなっているといえる。

前走車輌のあとに続くのでないかぎり、車輌群を膚接《ふせつ》させ、行軍序列を守らせることに注意すべし。各運転手は、前走車輌がどこを走っているか、常に承知していなければならない。技術的な故障によって、自らの自動車を停める際には、その旨、後続車両に伝えなければならない。

夜間には、縦列の行軍長径を短縮し、二ないし三縦隊からなる隊を並行して車行させることが適当である。展開したかたちで夜間行軍する際にはまた、車間距離を縮めたり、発光標識を使うなどの特別措置が必要である。

さらなる細目については、「自動車業務」の章をみよ。

第七章　交戦

砂漠・ステップにおける交戦は、以下の要素により、特別な性格を帯びる。
—広大な空間。
—地勢上、遠距離まで見通しが利くこと。
—地形的な目印や方角を示す地点がないこと。
—自然の地形区分がないこと。
—街道やピストによらずとも、路外走行ができること。
—現地調達ができないこと。

攻撃

精力的な指揮を受け、攻撃精神に富んだ部隊は、砂漠・ステップにおいても、迅速なる包囲を行うことにより、はるかに優越する敵を殲滅することができる。地形上、多くの場合、移動状態からの攻撃を強いられる。かかる戦闘方式も、行軍中に可能なかぎり散開し、また展開しておくことで、著しく容易になる。

巧みに偽装された敵との予想外の衝突を避けるために、航空捜索ならびに、はるか遠くまで前遣される軽快部隊を置くことが必要である。かような任務に、とくに適するのは装甲車輌だ。ただし、とりわけ路外走行速度に優れた自動車たとえば、フォルクスヴァーゲン〔軍に転用されたフォルクスヴァーゲン、四輪駆動車であるキューベルヴァーゲン、水陸両用型のシュヴィムヴァーゲン等を総称しているものと思われる〕によって、代替することも可能である。

こうした前衛の背後に、並行する複数の縦列に分かれたかたちか、あるいは分散・展開した状態で、部隊が後続する。

敵の配置がはっきりと確認されている場合には、敵を奇襲する目的で、良好な見張状態を維持しつつ、右記の前衛を出さずにおくことも可能である。このようなときには、攻撃部隊は、砲兵や重火器による相応の警戒を（両側面に対しても）ほどこしつつ、完全に戦闘準備を整えた状態で前進する（第五章、五四頁参照）。

敵を欺騙・奇襲するよう（最小部隊による企てにおいても）、常に心がけるべし。奇襲は通常、黎明において可能となる。加えて、攻撃側は、太陽の位置や巻き上がる砂塵（風向による）を利用しなければならない。

砂漠・ステップにおける攻撃、とりわけ戦車の攻撃に際して、決定的なものは、速度、攻撃の勢い、将兵の戦闘精神である。数に優る敵であろうと、決然たる迅速な攻撃によって、殲滅、もしくは退却を強いることができるのである。

攻撃においては、あらゆる手段を以て総合的な火力を発揮するため、歩兵と砲兵、また戦車と砲兵の協同を進めるべし。とくに敵が遠距離にあって、戦闘開始時に視認するのが難しく、目標となる地形が少ないがゆえに位置を指定しにくい場合には、右のごとき協同は、きわめて困難になる。従って、砲兵は、最前線にある隊すべてに、多数の伝令を送っておかねばならない。一兵卒に至るまで、コンパスの度数目盛により、目標の方角を確認できるようにしておくこと。

視界が良好であるため、他の戦域よりもはるかに遠距離で射撃を開始することが可能である。好機を逃さず、過剰な弾薬消費を避けるため、厳密な射撃指揮が求められる。

砂漠・ステップでは、しばしば、はるか突出するような迂回運動が可能になる。これらは多くの場合、コンパス（突進線）に従って、実行されなければならない。小規模な戦隊程度においてもすでに、敵を迂回し、その後背部に侵入する、あるいは、正面攻撃とともに包囲するよう、絶えず心がけるべし。これはまた、斥候任務、とくに夜間のそれに当てはまる。

攻撃正面を広く取ると、小規模な攻撃部隊の側面は、往々にして開放されたままとなる。だが、それによって、危険が生じたり、前進を躊躇するようなことになるのは許されない。開かれた側面に向かう敵の前進を察知し、適時対抗措置を取るには、掩護のない地区の警戒に厳重な見張をほどこすだけで充分であることが、しばしばである。

敵の包囲の試みに対する最良の警戒は、迅速かつ精力的な攻撃なのだ。

日中の開豁地では、往々にして弾薬補給が困難となる。かかる状況にあっては、計画的な弾薬のやりくりに注意すべし。

防御

通常、砂漠・ステップにおいては、数的に限られた戦力で、広範な正面を守ることを強いられる。ただし、これも、一面に見渡しが利くことにより、容易になる。常に機動予備、なかんずく側面掩護のために装甲戦力を控置すべし。

複数の特火点より構成される縦深地帯が設置される。これは、中間地を絶え間なく火制するため、チェス盤状に組まれ、相前後する複数の防衛線を布いたものである。

砲兵の射撃陣地は、特火点内に構築するか、歩兵部隊の拠点内に置く。

敵の砲兵射撃を分散させるため、可能なかぎり多数の偽陣地を配置する（第九章、九四〜九五頁参照）。各特火点は、当該地域を広範囲に火制する小要塞である。各特火点には、歩兵の軽・重火器、とくに装甲貫徹能力のあるものを常に置くようにし、できるかぎり、対空火器を配する。これらの火器すべてが、相互補完的に射撃し得るようにし、隙のない全周防御を可能としなければならない。

特火点内における各銃・砲座は、個々の抵抗巣を構成する。その操作員のために、銃弾や砲弾の破片にも安全な防護壕を設置すべし。

常に、奇襲的な射撃開始を心がけるべし。各員が、その火器で命中を期し得る最大射程を心得ていなければならない。これは、とくに対戦車兵器に当てはまる。砂漠・ステップにあっては、距離の見当を低くしがちであり、ゆえに過早な射撃開始を招くことがしばしばであるから、当該地区における最大射程距離を認識できるようにすべし（弾薬の使用については七二頁参照）。

各将兵は特火点の兵器取り扱いに習熟していなければならない。それによって、相互支援や補完が可能になるのである。特火点に配された各将兵は、近接対戦車兵器を操作できなければならぬ。

あらゆる特火点は、数日分の弾薬、給養品、水を備蓄しなければならない。多量の消費があったのちには、かかる備蓄を補充しなければならぬ。備蓄所を分散・偽装することは、とくに重要である。

地表での陣地強化作業は避けるべし。それは、敵にたやすく察知され、その目標確認や射撃指揮を容易にする。石のごとく灼かれた粘土質、もしくは岩石質の困難な地質においても、敵の地上・航空捜索をまぬがれるため、あらゆる防御壕を掘るように努力すべし。ただし、かかる作業が、特殊機材や爆破装置を備えた工兵によってのみ可能となることもしばしばである。

陣地構築に際しては、掩護物がないことや視界の良好さに鑑み、最初に鋤《すき》を突き入れたときから、細心の注意を払って偽装を進めるべし（偽装設備については、第九章、九三～九四頁参照）。

特火点とその中間地帯には、地雷と有刺鉄線を敷設し、封鎖する（付録六をみよ）。これらは継続的に監視すること。

飛砂地帯においては、その飛砂地区の手前側の縁に主陣地帯を布くことを適当とする。飛砂は、戦車を阻む効果があり、その影響は、高さ一・五メートルまで飛砂を積み上げることで、いっそう大きくなる。

防御陣地の設置と構築に関する、さらなる細目は、付録六に挙げた実例に示されている。

第八章　野営、宿営、舎営

砂漠・ステップでは、野営が普通である。部隊が長期にわたり同一地点に留まる場合に、野営から宿営に移る。宿営にあっては、環境の影響（夏季には酷暑と砂塵、冬季には寒冷と湿気）に対して、より大きな快適性と保護を得る。

村落舎営、もしくは村落野営は、大規模な村落においてのみ、例外的に行われる。その際、可能なかぎり、公共施設（学校、兵営）を動員すべし。村民の住居、とりわけ、原始的な部族のそれに舎営することは、害虫・疾病感染の危険があるため、例外的な場合にのみ可能であり、多くは不可とされる。

野営地の選択は、将兵の休養にとって、とくに重要である。

以下の場所は避けるべし。

(a) よどんだ水の近くや灌漑地（蚊の害。また、伝染病、とくにマラリアに感染しかねない）。

(b) 砂漠の集落や砂漠の泉の周辺（およそ半径一キロの周辺地域は清潔ではない。ほかは、aと同様）。

(c) 家畜がしばしば繋がれる場所（ほかは、aおよびbと同様）。

(d) 砂地。風が吹くごとに砂が飛んできて、休息を妨げ、エンジンや兵器に塵が入り込む危険にさらされる。砂地の場所での野営が避けられない場合には、なるべく、風がさえぎられるところを探すか、防風処置を取ること。

(e)　雨季のワジ。これには、驚くほどの短時間で、水があふれることがある（たとえば、露営地の上流四十キロの地点で雷雨があっただけで、乾いていた河床が激流に満たされることもあり得る）。

野営地の条件としては、以下のごとくであることが望ましい。

(a)　砂地ではなく、風通し良好で、新鮮な空気を導入できること。

(b)　樹下や小林内。ただし、原住民や家畜がしばしば露営する場所を除く。

(c)　海岸。将兵が定期的に水浴できるという利点がある。また、ほとんど常に海風が吹き、暑熱をしのぎやすくしている。欠点は、夜間、とくに湿度が上がることである。

(d)　新鮮な水が流れる河川の岸。ただし、中近東の人間は流水において用便するため、集落の付近では、その点に注意を払うべし。

(e)　水場の近く（水場を開放する前に、原則として、専門家が水質検査を行わねばならない。「熱帯衛生」の章を参照せよ）。

街道沿いに野営する場合には、風向に背を向けるかたちで、街道から充分離れたところに野営地を設定する。野営する将兵が、街道より来る砂塵で負担を被らないようにするた

図 12　壕を掘った上に立てた砂漠の天幕。偽装のために、濡らした土を塗り、周囲は灌木や藪で覆うべし。

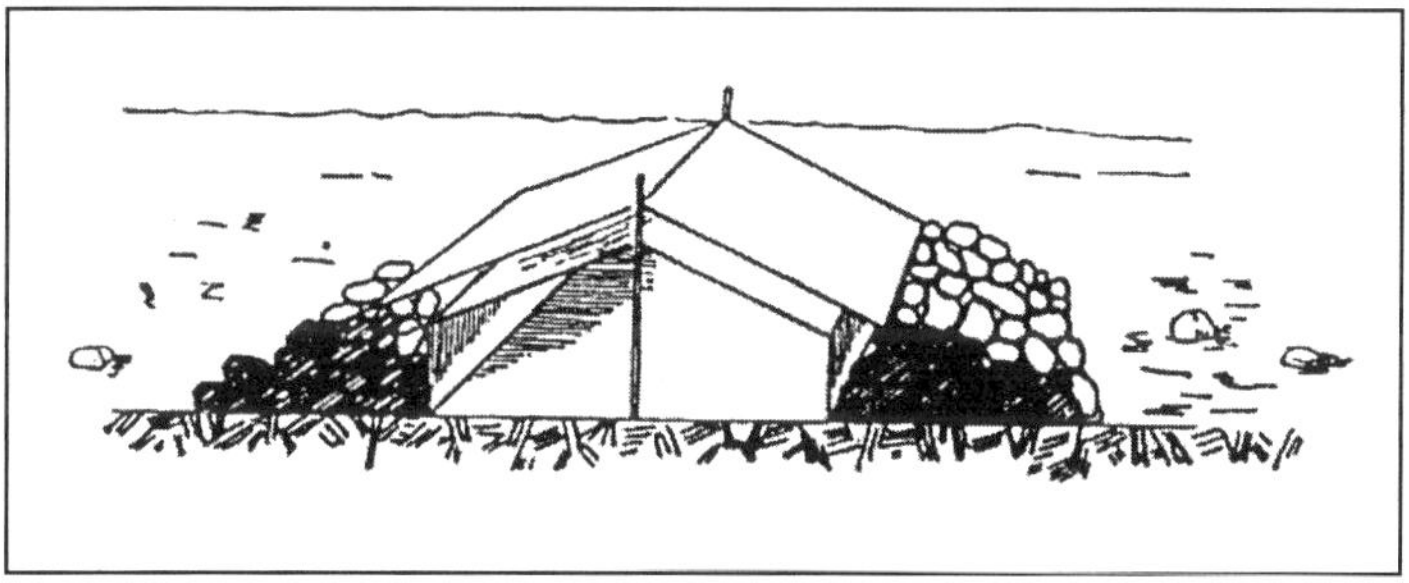

図 13　堅固な地盤に立てた砂漠の天幕。周囲に、石（もしくは土嚢）の壁をめぐらせる。写真3のような砂や灌木で偽装すること。

めである。同じく、野営地間には、充分な中間地帯を取ること。

自動車は必ず砂塵を巻き上げるものであるから、宿営・野営地では、その往来を禁じること。

付近を通る街道や道路には、野営地の配置、とくに天幕や隊の指揮所の位置を心得た歩哨を立て、誘導に当てる。砂漠の暗夜にあっては、指揮所や野営所は見つけにくいものであるから、必要な場合には、コールサインや明滅信号などを取り決めておくこと。

同一地点に長期間野営するときは、付近の街道上に、大型で、はっきり判読できる方向標識を設置することを可とする。

野営地は、とくに大きく幅と奥行きを取って構成されなければならず、また、規則的な形状を示すようなことは許されない（「保安」の章参照）。

天幕の出入り口は、もっとも多くみられる風向とは逆に設置すべし。図12が示すように、深く掘れば、そこにいる者は、爆弾や砲弾の破片に対して掩護され、しかも、隠蔽される。天幕には、差しかけ屋根（日覆い）を設《しつら》えなければならない。さもなくば、日中の炎暑が耐えがたいものになるからである（図12および13）。

図 14　砂漠のトラック。壕に入れ、偽装網で覆う。

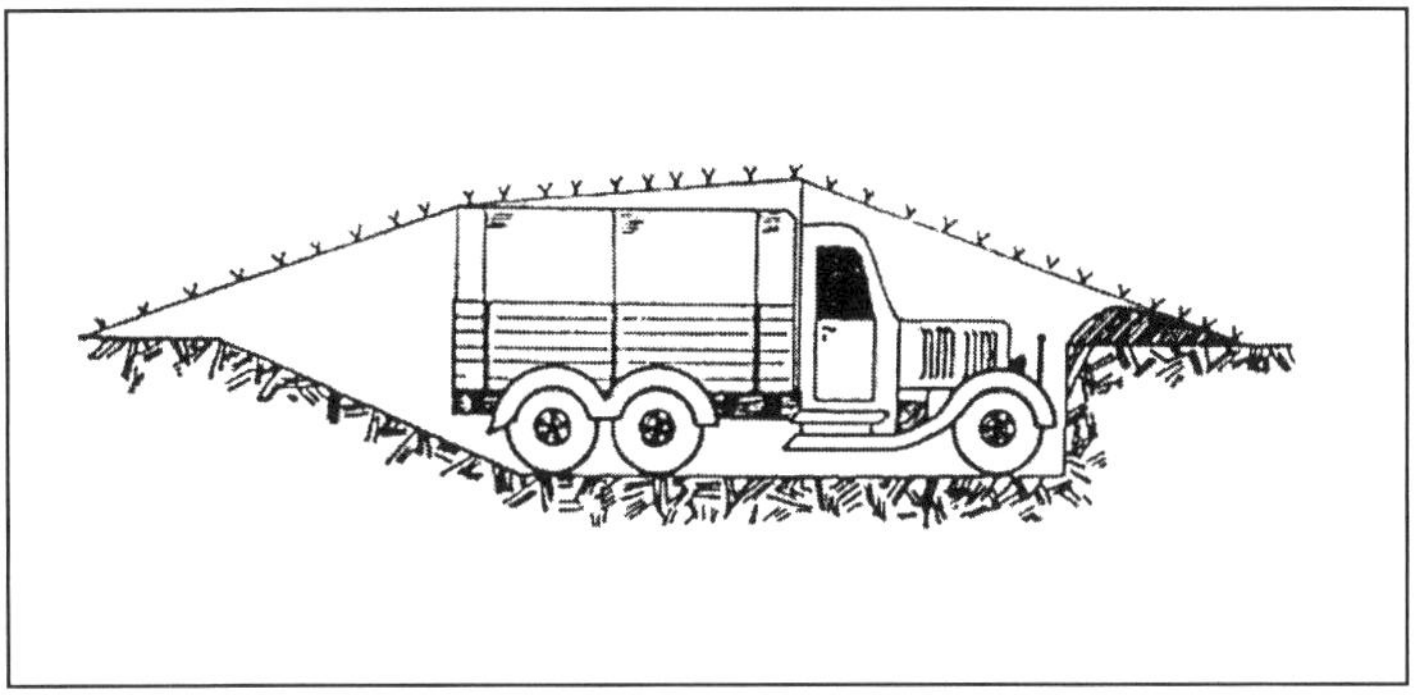

自動車は、保安上の理由がある場合を除いては、風向と逆の側に冷却器を置くかたちで駐車させ、壕内に収めるべし。これについては、スロープ状に深く掘り下げ、エンジン、タイヤ、車台が、爆弾の破片に対して守られているようにする（図14）。

天幕や自動車の壕内設置が不可能である場合には、天幕や自動車の周囲に、石や土嚢《どのう》の壁、もしくは砂壁を設置すべし（図13）。

弾薬・燃料の備蓄は、充分に偽装をほどこし、互いの間隔を大きく取ったかたちで置くこと。天幕との距離も遠くなければならない。爆発や火災があり得るから、人員に危険がおよばないようにするためである。

野営地に入る前に、蛇、サソリ、毒蜘蛛がいないか、点検すべし。同様に、天幕に入る際にも、害虫を駆除すること。それらは、毛布や寝台、ときには長靴《ちょうか》のなかにまで、好んで這い込んでくる。それゆえ、着用前に長靴をよく振ること。

病原菌が持ち込まれるのを防ぐため、原住民に対しては、野営地を遮断しておくこと。

犬や家畜等も遠ざけるべし。

蠅は、疾病の蔓延において、深刻な意味を持つものであるから、その駆除のためには、可能であれば、あらゆる手段を取らなければならない。とくに重要なのは、排泄物（用便所！）と廃棄物の処理である。

水場には、乱用や汚染を防ぐため、歩哨を立てるべし。衛生措置の詳細については、「熱帯衛生」の章に掲載した。

野営を宿営に拡張する場合、状況の許すかぎり、おおいに快適かつ負担軽減をはかることができるものとすべし。そのための措置は、以下のごときものである。

—変化に富んだ食事を調理するため、烹炊《ほうすい》施設を改善する。

—なるべく、太陽の直射を受けないようにする。日覆いを増やし、表面をムシロや木の枝で覆うこと。

—出入り口や窓に防虫網のカーテンを吊り、天幕に蠅が入り込まないようにすべし。

—広々とした食堂天幕の設置。

——可能であれば、電気照明を設置、換気装置も設備する。
——衛生施設の改善。

宿営地の清潔を常に保つための原則を、宿営規則に明記すべし。宿営の清潔度を毎日検査し、衛生分野における規律を厳守させることは、絶対に必要である。

長期滞在するにあたっては、天幕や急造兵舎よりも、常設の建築物が好ましい。高温地帯の部屋は、高く、また風通しのよいように設えられ、窓にも防虫措置がほどこされているはずである。腐敗しやすい食物を保存するため、冷蔵設備を持つように心がけるべし。蝿が入れないようにした廃棄物置場もつくること。

さらなる手引きは、「熱帯衛生」の章に示した。

第九章　偽装

砂漠・砂漠ステップは、広大で風景の変化もなく、植物もわずかであるか、まったくない。それゆえ、偽装は、通常の条件下よりも、いっそう大きな意味を持つ。偽装に適する天然の防護は、まったく存在しないも同然であり、自然の偽装手段もきわめて限られている。補給上の理由から、人工の偽装手段も、多くの場合は不充分だ。従って、各将兵は、ごくわずかでも偽装の可能性があれば、それを利用しつくすためのすべを、極限まで習得しておかねばならぬ。

また、偽装の可能性が少ないほど、敵火器が威力を発揮するのを妨げるため、よりいっそう塹壕等の構築を試みなければならない。

天然の偽装防護

砂漠・砂漠ステップにおいては、往々にして、深く刻まれた渓谷が、天然の偽装防護を提供してくれる。こうした渓谷の陰には、さしたる偽装措置をほどこすことなく、将兵、兵器、車輌を収容することができるから、敵の監視を完全にまぬがれられる。

しばしば見られる、底が平坦な窪地では、敵の地上捜索に対する隠蔽を得られる。が、航空捜索に対しては、人工の偽装防護を付け加えることが必要になる。おおむね群生している木々や叢林、洞窟、集落も、天然の偽装防護を提供する。

温帯地域同様、夜陰もまた偽装に役立つ。しかしながら、月の明るい夜には、偽装防護はまったく得られない。敵航空機が接近してくる場合には、動かずにいるのが、最良の防護となる。

砂嵐は、一日中続くことがしばしばであり、数メートル先を見通すのも不可能となる。これは、部隊の移動、突撃隊による襲撃、陣地転換、塹壕掘削などに利用し得る。

人工の偽装防護

砂漠・ステップにおいて、天然の偽装防護が欠けている場合、偽装対象のため、巧みに位置を選ぶことには、決定的な重要性がある。地形、地勢の骨格、地表の掩蔽物などを速やかに把握することが必要とされる。

天然の偽装手段としては、ステップの草、木の枝、藪、砂や石が使用し得る。人工の偽装手段としては、迷彩服のほか、偽装網、漁網、針金格子、針金枠、あらゆる種類の天幕用布地、あらゆる種類の防水シート、塗料、砂、煙幕などが使われる。

被服の色調や、兵器、装備、車輌の迷彩塗装の色は、砂漠、あるいはステップに適合するものでなくてはならない。眼につかず、判然としないような色でなければならないのである。固定施設の色も、周囲に合致し、空から見下ろした場合に得られる明度よりも暗いものでなければならぬ。砂漠用塗料がないときには、機材に油を塗ったあとに砂をまぶすことで、応急処置をほどこすことができる。塩水で砂を濡らしておくと、偽装が長持ちする。

砂漠・ステップにおける煙幕の使用は、高い温度としばしば風向が急変することによって、著しく阻害される。

偽装の使用

砂漠・ステップでの部隊の移動は、巻き上がる砂塵によって、暴露されてしまうものである。行軍縦隊を多数に分割することは、敵が全体的な状況を把握するのを困難にする。車輌一両ずつをさまざまな方向に走らせ、砂塵を起こすことによって、敵に対し、主要な移動方向を欺騙することが可能である。

縦隊、もしくは攻撃する隊の前衛が、砂塵の雲を巻き起こすことにより、後続部隊の隠蔽を助けることができる。それゆえ、前衛は、正面幅を広く取った区分にするのが適当である。

戦闘行動前に、あらゆる偽装措置をほどこすことは、砂漠においては、兵士一人一人の重要な義務である。自らの偽装ならびに兵器・装備の偽装は、そのつど、戦闘を行う地区に適合したものでなければならない。

たいていの場合、地表は単調で平坦であるが、敵の地上捜索に対し、兵士一人どころか、グループ全体を隠蔽し得るような地皺《ちしゅう》もしばしばみられる。吹きつもってできた砂丘や丘陵は、往々にして、接近の際の掩護に利用できる。

緩い砂地での射撃は、砂を巻き上げ、射撃位置を暴露してしまう。立ち上る砂埃は、遠距離からも、よく観察し得るのである。

こうして、砂塵が巻き上がることにより、位置が暴露されるのを防ぐために、天幕用の布片や偽装資材を付した小さな網を、機関銃や小銃の銃口の下に敷く。天幕用の布片や網は、砂や土をまぶして、かたちがわからぬようにしなければならない。

陣地や拠点の偽装は、通常の原則にもとづき、実行される（あらゆる戦域での経験をまとめた注意書『偽装』を参照せよ。陸軍業務指示書一a、文書一八a、二一頁、付録二）。砂漠・ステップにおいて、隠蔽の効果は絶大であるから、陣地の掩蔽等や塹壕出入り口、射撃用狭間、覘視孔《てんしこう》を覆うことには、特別の価値がある。

砂地の軌跡は、雪中のそれと同様、とくにはっきりと視認され得る。これを概観することにより、兵科や戦力等を容易に推測し得る。こうした軌跡を消したり、既存の道路や軌跡上を車行すれば、敵の航空監視は困難になる。

集落、もしくは、破壊された集落が宿営に使えなくなっている場合は、露営のため、そうした場所を偽装に利用することができる。

衛生上の要求に反せざるかぎり、天幕は、渓谷や窪地、または丘陵や岩石の掩蔽下に置き、平坦ならざる岩地、樹下、叢林や灌木のあいだに張るべし。

多くの場合、偽装材料を用いての追加偽装が必要となる。

また、それだけでは充分でないから、規則的な配置は避け、天幕は相互に距離を置いたかたちにして、野営を行うべし。天幕の設置や自動車の駐車は、すべて、もしくは部分的に壕内に配すること。かかる手順を取ることを規則とする。詳しくは、「野営、宿営、舎営」の章をみよ。

砂漠・ステップでは、日光が強烈であるから、風防ガラス、車輌の窓、窓ガラスの反射を、とくに念入りに避けるべし。

装具等は車輌内に格納しておくこと。これらに砂塵が入り込むと、作動しないことがあるからだ。

砂漠・ステップは広大であり、敵を欺騙し、その射撃を本当の施設からそらすために、あらゆる種類の偽施設を大規模に設置することが可能になる。

砂漠・ステップ戦に熟練した見張は、とくに軌跡に注目するものであるから、偽施設に通じる軌跡を付けることは、とりわけ重要である。それらは、折に触れて、また、とくに砂嵐や降雨があるたびに、あらためて付けてやらねばならない。

第一〇章　熱帯衛生

A. 一般事項

高温地域（亜熱帯・熱帯地域）における過去の諸戦争は、しばしば、兵器の威力よりも、疾病や伝染病によって勝敗が決まった。今日でもなお、これらの地域では、ドイツでは消滅したたぐいの伝染病が存在する。不慣れな気候や他の自然の影響により、そこに踏み入る者に、中欧では、ほとんど知られていないような多数の疾病、一部には、生命の危険をもたらす病気を引き起こすのである。

医学の進歩のおかげで、現在では、この種の疾病が蔓延することを、おおむね防ぐことができる。しかしながら、その成功は、定められた規則を厳格に遵守するか否かに左右されるのである。素人には、愉快でなかったり、ささいなこと、副次的なことにすぎないと思われるかもしれないが、そういう分野においても、右の原則は妥当する。このとき、問題となるのは、一人ひとりの振る舞いである。ごく小さな手抜きが、全体の努力すべてによる成功を危うくし、伝染病を発生させて、部隊の急激なマヒをもたらしかねないからだ。きわめて重要なのは、将校各人が、医学的必要から取られる措置すべてを厳密なる実行に責任を持ち、徹底的にやりぬくことである。将校自らが模範を示すことは、些事《さじ》であろうと、決定的なのだ。高温地域で勤務する軍人の準備には、きわめて綿密に清潔を保つことへの教育も含まれる（一一二～一一三頁参照）。健康維持のための継続的な教習には、野戦部隊においても喫緊の要がある。将兵には、健康維持の分野で指示されることの理由を、わかりやすいかたちで、繰り返し明示してやらなければならない。以下の節で述べる高温地域での危険は、熱帯衛生上の措置をきちょうめんに守る者にとっては、必ずしも恐れる必要がないことを、各将兵が知らなければならないのだ。

B．高温地域における特別の危険

危険な伝染病（たとえば、チフス、赤痢、コレラ、マルタ熱、ビルハルツィア〔住血吸虫の一種による伝染病〕等々）は、衛生規則に従って調理されていない食事や飲料によって、媒介されることがある。他のケースでは、昆虫などが媒介者となる。たとえば、マラリアは蚊が、発疹チフスはコロモジラミ、回帰熱はダニとシラミ、ペストはネズミのノミ、赤痢はしばしば蠅によって媒介される等のことである。また、接触、咳、食器や飲用容器などの共用によって、疾病が人から人に直接感染する可能性があり、原始的な環境で共同生活を営む場合には、大きな危険をはらむ。たとえば、ジフテリア、また、流行性黄疸の伝染といったこともあり得る。

伝染病の勃発は、以下に示す健康維持規則に細心の注意を払い、予防接種、薬品の服用によるマラリア予防、問題ない水（煮沸するなど）のみを飲用すること、用便所の清潔維持など、命じられた防護措置を遺漏なく実行することによって、防止される。そうした趣旨の指示を守らぬという罪を犯す者は、自分のみならず、戦友たちをも大きな危険におとしいれ、それによって、部隊の即応能力を削いでいるのである。かかる地域においては、性病がヨーロッパよりもはるかに蔓延しており、加えて、ヨーロッパ人に感染すると、多くの場合、ずっと深刻な容態になる。それゆえ、性病の危険について、将兵に繰り返し教え込むべし。教習は、あらゆる誇張を排し、明快かつ実際的に行わなければならない。近代的な処置方法により、良好かつ確実な成果を得ることを強調すべし。

高温地域では、毒蛇、サソリ、毒蜘蛛（とくにタランチュラ）等、毒を有する生物が多々存在する。蛇は、故意、あるいは無意識に刺激されなければ、多くの場合は嚙みはしない。

サソリはしばしば、石の下に伏せており、それにつまずいたり、手に取ったりすると、刺してくる。蛇とサソリは往々にして、夜間に長靴に這い込む。野外では、丈の高い長靴により、蛇に噛まれるのを防ぐことができる。着用前に、徹底的に長靴を振ること。はだしで歩くのは、蛇に噛まれたり、サソリに刺される危険があるためばかりではなく、地面が鉤虫《こうちゅう》の幼虫に汚染されていることがしばしばであるゆえに、宿営ならびに野外においては禁止する。鉤虫は、足の無傷の皮膚に浸入してくるのである〔鉤虫は、足の皮膚から浸入し、消化管に達して、重傷の場合には貧血を引き起こす〕。

　将兵の誰かが毒蛇に噛まれたならば、噛まれた場所の上方、心臓に近い向きで、噛まれた部位をただちに緊縛すべし。それにより、当該部位が膨張し、血の気が失せてくる。しかるのち、赤熱させた剃刀《かみそり》の刃で、噛まれた箇所を最大二センチほど、十字に切開する。そこから、三分間、可能なかぎり瀉血《しゃけつ》させるべし。このあと、赤熱させた剃刀の刃の広い面で、過マンガン酸カリウムの結晶を十字創にすりこみ、傷口を縫ったあとに、結索を取り去るべし。多々推奨されてきた十字創からの毒の吸い出し、同様に効力ありとされてきた大量のアルコール（たとえば、コニャックやウイスキー）摂取は、これを禁じる。常に軍医を探し、また、軍医が見つからぬときには、衛生兵を探すこと。これは、サソリに刺されたり、毒蜘蛛に噛まれたり、その他の有毒生物に傷つけられた場合にも当てはまる。

高温地域では、ヨーロッパよりもはるかに頻繁に、犬猫や他の家畜に狂犬病が発生する。そうした地域には、多数の有害小動物が生息し、しばしば伝染病（東方腫、黒熱病）や伝染性の寄生虫病（エキノコックス症、猫条虫症）への感染がみられる。それゆえ、犬、猫、猿等を部隊に留めることは、これを禁じる。

往々にして、将兵に多数の下痢症状が出る。これは、気候の影響、感冒、塩分を含んだ水の飲用、栄養不足などによって、生じることがある。そうした場合、多くは無害だが、その症状の裏に、危険な伝染病が隠されていることもあり得る。かかる疾病は、流行する前、ごく初期の段階で看破しなければならない。

無害な下痢症状であるか、危険な伝染性のそれであるかの区別をつけられるのは、軍医だけである。従って、各将兵は、下痢の場合には、ただちに罹患報告を行わなければならない。教習の際にも、このことを頻繁に取り上げるべし。

砂漠・ステップの戦争においては、各将兵が、事故、負傷、突然の罹病に対する応急処置の基本原則を心得ていなければならない。いつでも、充分早くに軍医と衛生兵のもとに赴けるとはかぎらないからである。

C. 被服

高温地域（南部ロシア、中東、北アフリカ）では、日中と夜間の気温の変動が非常に大きい。被服は、それに合わせなければならない。暑い季節、さらには、命令によって明文化された、日中の一定の時間においてのみ（たとえば、午前九時より午後四時まで等。時間の指示は、軍医と協議することを可とす！）、半ズボンの着用が許可される。北アフリカの経験に従えば、一年を通じて、夜間には、また、少なくとも将兵が天幕に宿営する場合には、腹帯の着用を命じるべし。野外勤務に際しては、夜間に外套を着用すべし。

膝の出たズボンを穿いた将兵が、石やイバラだらけの地で匍匐《ほふく》しなければならぬ場合、膝や下腿部《かたいぶ》に、きわめて治療しにくい傷が生じる。従って、膝の出たズボンは、戦闘行動に適しない。

日中の高温の時間帯には、可能なかぎり、軽く、風通しのよい被服を用いるべし。常に軍帽を被り、太陽光線から頭部を守ること。皮膚に直射日光を浴びると、火傷を負う恐れがあるほか、貧血を引き起こす場合があるから、気温がもっとも高い時間に、上半身を剝き出しにして歩き回ることを禁じる。夏季においても、軍服のシャツの下に、軽い肌着（たとえば、網状下着）を着けるべし。ズボン下は一年を通じて着用すること。

下着は、可能なかぎり、頻繁に洗濯すべし。著しい発汗と塵によって、とくに短期間に汚れてしまうからである。加えて、下着をしばしば取り替えることは、シラミの駆除に役立つ。

足の皮膚はいつでも湿っており、傷つきやすいから、靴下には注意を払い、ほころびのないように繕っておくこと。露出部のあるサンダルは、蛇やサソリ、イバラによって傷を受ける恐れがあり、鉤虫の危険もあるため（その幼虫は、足の皮膚を破って、体内に侵入する）、着用は許可されない。

D．栄養

優良で適切な栄養物は、将兵の士気と能力のみならず、疾病に対する抵抗力を高めるためにも重要である。高温の季節には、多くの者が食欲不振に悩む。それゆえ、高温の季節には、温食を晩に移すことが適当である〔ドイツ人は一般に、昼食をメインとし、温かい料理を摂る。いわゆる温食《ヴァルメス・エッセン》warmes Essenである。これに対して、朝食と夕食は、パンやハム、ソーセージ、チーズ程度の火を使わない食事、冷食《カルテス・エッセン》kaltes Essenとする〕。食事の味がよく、変化に富んでいることを重視すべし。高温の季節には、軽い食物が好まれる。少なくとも、週に一、二回程度は、主餐に甘い料理を出すよう、心がけるべし。夏季には、パンに塗るもの、とりわけ、マーマレード、人造蜜などが豊富にあることが望ましい。ラード、脂肪の多いソーセージ、油漬けの魚は、寒冷な時間に供するようにすべし。夏季には、バター、腐りやすい保存肉や脂肪、新鮮なラードなどは、午前中の起床時に使い切ってしまうか、最大限一日分までを消費するようにしなければならない。日中の暑熱で、バターとラードは溶けてしまうし、ソーセージはしぼんでしまうからである。肉は、できるかぎり頻繁に、焼いたかたちで与えるべし。

食事の一部は保存食品になるから、ヴィタミンの必要を満たすために、可能なかぎり多くの新鮮な果物と野菜を配給しなければならない。果物が本当に各人にまわっているかどうか、監督すべし。新鮮な果物や野菜が入手できない場合には、人工ヴィタミン（たとえば、V《ヴィタミン》錠）が貴重な補助となる。各将兵に、V錠配給の価値と必要性を説明すべし。

高温のため、食料品はとくに腐敗しやすい。よって、開けてしまった保存食品は、ただちに食べきるようにすべし。三時間ほどでもう、その中身が腐ってしまい、健康を害するものとなることもあり得る。開けていない缶詰でも、天地の部分が膨らんでいて、開缶前にそれを押し戻せない場合には（腐敗膨張）腐っている。同じく、開缶の際に、シュウッという音がして、ガスや液体が漏れ出るときには、その缶詰は腐敗しているものとみなされる。

不潔な食品によって、寄生虫、チフス、赤痢、チフスほかの疾病が伝染する。たとえば、サラダのように、果物や野菜を生食する場合は、沸騰した湯に三十秒ほど浸すこと。野菜は、水に浸す前に、沸騰した湯で徹底的に洗わなければならない。果物は、沸騰した湯に浸してから、皮を剝く。皮剝きのときには、触れた指で、皮から果物自体に汚れが移らないように注意を払うべし。それゆえ、各兵は、皮剝きの前に、徹底的に手を洗うこと。

食事に供される氷や冷やした飲料といえども、不衛生な状態でつくられた場合には、しばしば病原菌を含んでいることがある。従って、食用に氷を摂ることを禁じる（一一〇頁を参照せよ）。

とくに重要なのは、食料品の輸送・貯蔵に際しての清潔維持である。包装、シートカバーや網戸の設置などにより、細心の注意を払って、蠅を防ぐべし。倉庫は、可能なかぎり、冷却すべし。砂漠地帯においては、食料品は、少なくとも七十五センチの深さまで砂地を掘って、そこに収め、キャメルソーンやアフリカハネガヤの葉で上部を覆う。

E．飲料

煮沸済みでない水、またはミルクを飲むことを厳禁する。そのなかには、しばしば危険な病原菌が含まれているからである。水の煮沸、塩素消毒、背負式浄水器材や陸軍給水器の利用により、それらは殺菌される。高温地域においては、安全を確保するため、右記の方法のいずれか一つを絶対に用いること。高温地域では、水の補給が困難であるため、最初から、飲用の水（歯磨き用の水も）を常に煮沸するよう、各将兵に教育するのが得策だ。

煮沸しない水を飲むことが許可されるのは、衛生調査部が試験し、継続的に監督している水道から直接汲めるところ、将兵が生水を飲んでよいと明示されている場所においてのみである。ただし、そうした水も、容器を使って部隊に運ばなければならない場合には、煮沸したあとでのみ、飲用可能となる。容器やタンク輸送の際に、汚染が生じることがあるし、水のなかの細菌量も増大するためである。

中隊等の長は、可能なかぎり継続的に適当な飲料が得られるように配慮する責務を有する。適当な飲料とは、微温の茶やコーヒー、行軍携帯用の水、レモネードなどだ。これらは、煮沸するか、背負式浄水器材や陸軍給水器により濾過した水、衛生調査部による試験で、将兵の飲用が許可されたミネラルウォーターでつくること。もっとも長持ちするのは、砂糖を入れない茶である（アルコールの飲用は夜間のみ）。

野戦用水筒は清潔にしておかなければならない。適当な飲料がない場合には、あらゆる禁止条項に背いて、生水を飲んでしまう危険がある。その結果として、深刻な病気となることもあり得る。個々の将兵ならびに部隊の戦闘力維持のためにも、しばしば教習を行い、継続的に監督することが、きわめて必要なのである。かかる措置は、軍医のみならず、部隊の将校、軍医が指定した衛生兵、適性があると部隊の長から認められた下士官によっても実行すべし。ここでもまた重要なのは、指揮官が責任意識を持って、自ら模範を示すことである。

いわゆる「水を流す」こと、すなわち朝晩にそれぞれ一リットルの水分を摂ることも、有用な方法だ。それによって、身体に必要な水分が満たされ、おそらくは腎臓結石も予防される。他方、各将兵は、数時間（五ないし六時間以上）、飲水なしで耐え抜くことに慣れるべし。そうすることで耐久力を高め、いつでも水筒を使うことが当たり前だったときに比べて、より効果的に渇きをこらえられるようになる。

冷水を飲むのは間違いである。それによって胃腸が冷やされるし、苦労して得た、好んで微温の水を飲む習慣が再び台無しにされてしまうためだ。飲料に氷を入れることは、絶対に許されない。氷は、常に汚染をもたらすからである。同じく、露天商から飲料を買うことも禁止される。背負式濾過器や陸軍給水器を使えば、水のなかの病原菌や汚物はなくなる。ただし、いくばくか、そのなかに溶けている塩分は除去できない。つまり、大量の塩分を含んだ水は、濾過しても、飲用不可能なのである。もし、これらの器材が上官の監督のもと、申し分なく取り扱われたなら（使用説明書を見よ！）、将兵にとっては、貴重な仕事となる。こうした器材の濾過板の補充は往々にして困難であるから、煮沸した水しか飲まぬよう、最前線の将兵に教育すべし。行軍中、水を煮沸することができない場合にのみ、濾過器材を利用すること。使用済みの濾過板は、いかなる状況にあろうと、軍衛生集積場に返却すべし。

取水等に関する、さらなる衛生上の指示は、「水」の節に掲載した。

水の補給ならびに確保についての手引きは、付録八および九に示す。

渇き死にしかけた者が、初めて水を得たときには、とくに慎重に飲用すること。急いで飲むと、口や咽頭腔《いんとうこう》の粘膜が腫れあがり、それによって、窒息の危険が生じる。

F. 睡眠

健康で豊かな夜の眠りは、あらゆる辛苦に耐えることを容易にしてくれる。しかしながら、睡眠薬によって、強いて眠りを得るのは、いつでも誤りだといえる。

亜熱帯、もしくは熱帯の山岳地帯の夜は、往々にして、非常に冷え込む。日中の酷暑のため、夜の寒さは格別に感じられるようになる。それに応じて、リューマチ、扁桃炎《へんとうえん》、下痢といった、寒冷ゆえの疾病も、亜熱帯地域では、とりわけ頻繁に生じる。ステップ地域では非常に冷たい結露、沿岸地域では大量の結露が起こるから、各将兵は、天幕、天幕用布で覆ったタコツボ、ドアを閉じた車輌（乗用車、トラック、戦車など）の内部で、睡眠を取らなければならない。

不必要な落伍者を出すのを避けるため、充分な対寒防護に配慮しなければならない。たとえば、寒冷期には天幕に入り（一名用、もしくは八名用天幕）、外套のほか、高温期には一枚で済ませる毛布を、三枚までかぶる。

就寝前に、室内、または天幕内にいる蚊や蠅をつかまえるべし。また、蚊帳を張らなければならない。それによって、蚊はそのなかに入ってこれなくなる。就寝前には、天幕内のサソリや蛇を捜し、除去しなければならない（「露営」の項を参照のこと）。

G. 身体衛生と水浴

清潔さは、すでにヨーロッパの環境においても必要なのであるが、高温地域では、酷暑と塵のため、特別に重要となる。どんな機会であろうと、全身を洗うのに利用すべし。とりわけ、汗や汚れにさらされる身体の部位（腋下《えきか》、外陰部、肛門、足）は、とくに徹底的に、かつ頻繁に洗うこと。

排便後には、各員、とくに烹炊要員は、水、できれば、過マンガン酸カリウムを溶かした水で手を洗うべし。毎日の髭剃りを心がけること。理髪師〔現地の理髪師という意味か〕のもとで髭を剃ると、剃刀や泡立て刷毛を通じて、厄介な皮膚病にかかる恐れがある。洗濯に使ってよいのは、きれいな水だけである。よどんだ水源、あるいは流水であっても、生水は、健康な皮膚をも貫いて人体に侵入し得るような、きわめて危険な病原菌を含んでいることがある。

同じ理由で、アフリカと中東では、いかなるときであろうと、真水を浴びることを禁じる。一方、海水浴は、身体衛生を容易にし（海水用石鹸を用いる）、健康なスポーツとなる。ただし、海水浴は監督のもとに行うべし。

満腹の状態で、もしくは、いきなり水に飛び込むことを禁じる。その前に、ゆっくりと身体を冷やすことが必要なのである。水浴後、「日焼けする」ために、日光浴するのは誤っている。結果として、めまいや頭痛を起こすことがしばしばなのだ。加えて、ごく短期間（十五分ほど）で、痛みをともなう日焼けが生じる。慣れていない新参の者であれば、なおさらである。

身体、とくに胃腸が冷える恐れがあるため、各将兵は水浴のあと、速やかに、かつ徹底的に身体を乾かし、衣服を着用しなければならない。高温地域において、内臓組織を冷やすことは、往々にして、危険な胃腸病につながる。とりわけ、足指のあいだと外陰部は念入りに乾かさねばならない。さもなくば、植物性皮膚病原菌、つまり、厄介な皮膚病の病原菌が住みつくからである。

癤症《せつしょう》や多くの鉤虫症は、不衛生な状態では、多々発生する。激しく発汗すると、その刺激により、発疹、いわゆる「赤犬症」が生じる。炎症を起こした汗腺には、赤い小膿疱《しょうのうほう》が盛り上がり、強い掻痒感《そうようかん》を覚える。こすったり、掻いたりすれば、発疹は増えていく。治療には、アフリドル石鹸の泡をまんべんなく塗り、十五分（もしくは、それ以上、十二時間まで）後に取り去って、叩くようにして（こすってはならない！）拭う。とくに、しわや足指のあいだは、注意して拭くこと。予防としては、節度のない水分摂取を慎み、可能なかぎり頻繁に石鹸と真水で全身を洗って、タルカムその他のパウダーをつけることが有用である。ごく高温の地域においては、小さな傷といえども、感染や潰瘍化を起こしがちであるから、軍医、もしくは、少なくとも衛生兵による手当てを受けるべし。

風、塵、強烈な陽光により、結膜炎になりやすい。それゆえ、充分密着できるようなサングラスやゴーグルによって、常に太陽光から眼を守ること。運転手はとくに、そのようにすべし。太陽や塵に対する防護用に、自動車は状況（方向測定、戦闘即応性、急降下爆撃機の攻撃）の許すかぎり、幌をかけて車行すること。

明るい時間に眠る場合は、眼を蠅から守るために、蚊帳を吊るのがいちばんである。経験的にみて、高温地帯では、蠅が、伝染しやすい眼病、たとえば、エジプト眼病（トラコーマ）を流行させかねないからだ。

規則的かつ徹底的に歯磨きを励行することは、非常に重要である。高温地帯では、歯石付着の増加、歯肉炎、急速な虫歯の進行が発生しやすい。徹底的に歯ブラシを使う（最低一日二回、とくに食後に行う）ことができないとあっては、なおさらである。そうなれば、軽い歯肉出血も予防できない。

歯ブラシや身体の保護剤（身体用パウダー、皮膚用クリーム等々）は、移動酒保に備えておかなければならない。将兵への配給に関しては、気候に起因する石鹸需要の増大を計算に入れておくこと！

各将兵は常に、原住民ならびに外国軍部隊と距離を取るべし。彼らとの接触により、有害な小動物・昆虫や病原菌が持ち込まれる。原住民の住居への立ち入りは、通常禁止される（第八章、八四頁参照）。例外として、（原住民部隊の）兵営に舎営する場合は、徹底的な清掃、消毒殺菌がほどこされるよりも前に、宿舎に入ってはならない。洞穴や古い陣地での舎営は、可能なかぎり避けるべし。それらの多くは、往々にして、原住民や敵部隊に使用されていたものであり、害虫や有害小動物（ノミ、シラミ、南京虫など。とくに頻繁にみられるのはダニである）によって汚染されているからだ。

もし、各将兵がシラミにたかられたら、ただちに報告、それによって、この害虫が部隊に蔓延する前に駆除を行う契機となし得るようにすべし。

H．生活態度

平穏な時期ならびに平穏な戦線などにあっては、早起き、充分な午《ひる》の休憩、たっぷりの睡眠等、一日の時間割を、可能なかぎり規則的にするよう心がけること。重要で骨の折れる業務は、涼しい朝や晩の時間に行うのが最良である。

食事には、多くの時間を充てるべし。さもなくば、とくに昼には少なすぎる量しか取れず、咀嚼《そしゃく》も不充分となる。食事が変化に富み、食堂が心地好く設えられていることにより、食欲が増進する。

人間は、高温気候の影響下では、他の場合よりも怠惰かつ無関心になりがちであるから、本や講演、ラジオなどによる部隊の慰安は、とくに重要である。将兵が自分たちで芝居をやることには、とりわけ価値があり、可能なかぎり推奨すべし。

風景や生活が単調であると、多くの将兵の喫煙・飲酒が増大しがちである。しかし、高温地域においては、それらの毒性は、人間の健康と能力を著しく損ねる。かかる行為を過剰に勧めたり、大目に見る者は、そうすることで、部隊の能力を損なっているのだ。

アルコール飲料は夜にのみ摂取し、集中的な飲酒はなすべからず。高温の季節には、ただでさえ負担がかかっている身体の熱収支が、アルコールにより阻害される。

I．水

「飲料」の節で、飲料について示した指示を敷衍《ふえん》したことが、以下の水使用に関する衛生指導にも当てはまる。あらたに発見、もしくは掘られた水源は、使用を許可する前に、担当衛生官による調査を実施すべし。他の源より来る水がなく、その水源の利用が緊急に必要な場合には（衛生官が間に合わず、軍医の許可が得られたなら）、将兵に使用許可を与えることができる。まったく医師がいないときには、当該部隊の指揮官が決定する。

泉の利用は、ひどく汚染されておらず、最低でも三十キロ半径内に、排泄物、死体、腐敗した廃棄物等がないときには許可し得る。その場合も、水は澄明であり、味良いものでなければならない。原住民が、問題の泉から疑いなく水を飲めば（先に飲ませてみる）、よい指標である。しかし、その場合でも、常に飲用前に水を煮沸すべし。

容器で水を運搬することは、清潔な容器を使うときにのみ許され、また、可能なかぎり、水と沈殿物を攪拌《かくはん》しないようにし、上澄みだけを用いるべし。もっともよいのは、たとえば背負式濾過器などで水を汲み出すことである。可能であれば、泉のまわりに、二メートル間隔で柵を設け、全体に覆いをかけて、汚染から守るべし。汲み出し容器は、別の用途（家畜への給水、洗濯など）に使ってはならない。泉の底も、外に対して、清潔でなければならぬ。泉のそばに、汚水を捨てることは許されない。さもなくば、井戸用縦穴を通じて、泉に流れこむ結果となる。歩哨一名を立てて、本規則の遵守を監視させること。

原住民が他の水源を利用できる場合は、泉を封鎖し、彼らを近寄らせないようにすることが、もっとも望ましい。

輸送用に定められた水缶は、徹底的に清潔に保たなければならない。放っておけば、塵と蝿に汚されてしまうのである。それらは原則として、水の輸送だけに用いる。温かい飲料（コーヒー、茶など）を詰めると、内部のラッカーや保護層が剝がれ、その缶は錆のため、すぐに使用不能になる。もし、この禁止事項に背いて、水缶をスープなどの運搬に使ったとしても、もう一度よく洗って、使用に供することは可能である。いうまでもなく、水缶を火にかけて、中身を温めるようなことは許されない。内部のラッカー層が破壊されて、使用不能になるからだ。海水もラッカー層を損ねるものであるから、缶内に入れることは許されない。

水缶は、二ないし四週間ごとに殺菌すべし。そのためには、缶に二十リットルの水を満たし、浄水剤二十錠を溶かして、少なくとも一時間置いておく。その後、よく振って、溶解を進める。

飲用水供給や水の確保に関する、さらなる手引きは、付録八と九に示した。

J. 廃棄物の除去

廃棄物は、ただちに焼くか、埋める、あるいは、深く掘った穴に投棄する。この穴はいつでも、蝿を防止するようにつくった蓋で覆っておかなければならない。焼却が不可能である場合には、埋めてしまうことが最善であると証明されている。周囲に廃棄物を放置すれば、蝿の温床となるばかりか、ネズミも引き寄せる。ネズミはとりわけ、それに付いたノミによって、将兵にペストを感染させかねないのである。

用便所の問題には、特別の注意を払うこと。北アフリカにおいては、「埋める方式」が最善であると証明されている。

各隊（中隊、砲兵中隊など）ごとに、宿営地から少なくとも百メートル離れたところに、五十メートル四方の区画を定めるべし。各将兵はその場所で、可能なかぎり、鋤の幅広の側を使って穴を掘り、そこで用便すること。穴はすぐに埋め直し、大便と紙に厚く土をかける。

石地ではない軟土の場所では、各隊（中隊、砲兵中隊など）ごとに用便壕を構築するのも可である。用便壕は、幅五十センチ、深さ一メートルとし、任意の長さに掘る。各将兵は、この壕にまたがり、用便を行う。大便と紙は、鋤を使って、土か、砂で、厚く覆うべし。例外的なことながら、木材が使える場合、掘った用便壕の上に、座箱を設えることもできる。ただし、その際は、蝿がたからないよう、用便穴を覆わなければならない。用便所の清潔維持の責任を負う「便所番」を置くのは、目的にかなっている。用便場は可能なかぎり、軍医と隊の将校一名により検査し、大便が埋められないまま、地面に放置されていないようにすべし。

K. 宿営所の衛生

露営、宿営、舎営に適用される衛生上の手引きについては、すでに「露営、宿営、舎営」の章で述べた。以下の指示は、その補足である。

周囲に、羽虫の温床となるような湖沼河川などがあったなら、なるべく殺虫剤を流したり、撒布して、羽虫の幼虫を根絶すること。湿地は乾燥させるべし。詳しくは、陸軍衛生総監部が編纂した、一九四二年三月発行の「マラリア」(陸軍業務指示書一a、五三c頁、通し番号五一蕃、付録二)、文書番号四九六三五 In/Wi GI 一五一九/四二号をみよ。かかる処置は、露営・宿営地に長期にわたり留まる、もしくは、その宿営地が通過宿営地として使用される場合に、問題解決の助けとなり得る。加えて、宿営地付軍医が、衛生兵たちに用便所、入浴所、廃棄物置場の日常的な監督(見回り時間を、さまざまに変えること)を委任するのも有効である。

第一一章　獣医衛生

一般事項

完全に自動車化・装甲化された団隊といえども、砂漠・ステップにおいては、駄獣輸送を用いることを余儀なくされる場合がある。

北アフリカと中東においては、馬のほかの輸送手段として、ラバ、ロバ、ラクダ、水牛がある。

リビアでの経験が教えるところによれば、時を経るにつれて、各将兵は、保存食料による食事を改善するため、地元で食肉用家畜を購入することに頼らざるを得なくなる。食肉用家畜として、考慮の対象になるのは、右記の動物のほか、ラクダ、ヒツジ、ヤギである。豚は、ヨーロッパ人の居住する地域でのみ入手できる。

あらゆる家畜の飼育事情は、ヨーロッパのそれとは、まったく異なる。砂漠・ステップの大部分に住んでいるのは、固定住居を持たない遊牧民だけだからだ。原始的な定住集落があると見込めるのは、周縁地域だけである。

大きな都市がないため、機材、道具、医薬品の調達は期待できない。そうした地域に赴く際は、将兵が充分装備を整えていくことが重要である。往々にして、補給にも著しい困難が生じるためだ。

馬、ラバ、ロバ

騎乗用に見込めるのは、馬、抗堪力があるが、きわめて従順ならざるラバ、ラクダである。ラクダのなかで、騎乗に使われるのは、早駆け騎乗用ラクダ（北アフリカのメアリ種、中東のドルール種やヘジン種）だけである。一方、大型の種類は、駄載ラクダとしてのみ用いられる。馬の場合には、ほとんど、おとなしく、馴れやすい雄馬だけが使用される。駄獣として見込めるのは、ヒトコブラクダとドロメダール種のフタコブラクダ、ラバ、ロバである。ほかに、牽引用として、水牛が使える。

砂漠の陣地戦においては、夜襲に備えるため、警戒用の犬を飼うのが有用であることが証明されている。犬の配置は、あらかじめ獣医将校が検査した場合にのみ、許可される（一〇三頁）。

ヨーロッパ産の馬匹をステップや砂漠に連れてくることは、まず適当ではない。そこでの土壌や気候が課してくる負担に、そうした馬は耐えられないのである。かかる馬匹は、異なる環境、とりわけ、かいばや飼養等に順応させることを要する。軽量の東プロイセン馬純良種のほか、野外で成長し、飼料や厩舎をさほど選ばないような、さまざまな血統のロシア馬が有用であることが示されている。

こうした家畜は、どうにかなるようであれば、現地で調達すること。繋駕《けいが》や装具は、なるべく現地の事情に合わせなければならない。部隊指揮官ならびに獣医将校はすべて、現地の事情（装具、牧草地や泉のありか等）に可及的速やかに習熟し、各将兵が使用するのに、もっとも適したものを選び出すという任務を有する。東洋人には通常のことであるはったりに注意しなければならない。

現地で普通にみられる馬の飼養や手入れは、さしたる負担にはならない。ただし、そうしたことに力を入れてやれば、短期間での状態や能力の改善によって報われることになる。飼料として使えるのは、保存飼料や、現地に一般にある穀物種である。加えて、放牧の機会を看過することは許されない。

飲水の機会は、すべて利用すべし。汽水〔河口などの、海水と淡水が混じった水〕しか得られないことがしばしばなので、家畜には適宜、少量の塩分を含んだ水を与えて、慣らしておかなければならない。飲水にあたっては、かいば袋〔かいば槽《おけ》の代用として、牛馬などの首にかける袋〕に、鼻水が広がらないように注意すること。騎行の際には常に、馬ごとに、その馬の目印となるかいば袋をかけるべし（一二九頁を参照せよ）。装鞍《そうあん》や繫駕については、馬体の大きさ等（たいていは、一・五メートル以下）を顧慮すべし。かかる負荷に、常に配慮すること。

行軍速度は、地形や季節によって調整される。故国におけるのと同様である。一日あたりの速度は、以下の通り。

——平均、三十ないし四十キロ。

——大規模団隊が砂漠地帯で六十キロ以上行軍するのは、平均以上であるとみなされる。

ラバは、馬よりも抗堪力に優れ、欲も少ないが、往々にして扱いにくいことがある。ロバは、望むところが少なく、駄獣として、非常に有用である。

北アフリカと中東において発生する奇蹄類の伝染病で、もっとも深刻なのは、鼻疽《びそ》、交疫《こうえき》、馬ピロプラズマ症、鼻粘膜カタル、疥癬《かいせん》などである。鼻疽や鼻粘膜カタルの存在に鑑み、一頭ずつ、かいばを喰わせること。給水場、泉、天水溜めから、いっしょに水を飲ませることは厳禁する（一二八頁をみよ）。

もっとも深刻な疾病は、鞍・装具傷（東洋人の馬の扱いは劣悪である）、砂漠の砂、あるいはヴィタミンAおよびCの不足による蹄の乾燥から生じる裂蹄《れってい》である。

ラクダ

搭載能力や、飼料と水を求めるところが少ない点で、ラクダは、奇蹄類の動物よりもはるかに優れている。西南アジアの北部で重要なのは、フタコブラクダである。北アフリカと中近東では、ラクダといえば、常にこぶ一つのドロメダール種のことになる。そこでは、多種類のドロメダールがみられる。ごく一般的には、以下の二種類に大別される。

—細身で、純粋種の騎乗用ラクダ。

—頑健で、力の強い駄載用ラクダ。

最良の騎乗用ラクダは、トゥアレグ種（サハラ砂漠中央部、ホガール山地産）、ビスハーリン種（ナイル川と紅海のあいだに産する）、アラビア産の種である。

ラクダは、この動物を使おうとする地域で購入するのが望ましい。それらは、現地の土壌や気候に合致しているからだ。海岸の動物を山岳地帯で使役する、もしくは、その逆はやめておいたほうがよい。前者の場合は、すぐに足の裏を傷めてしまう。

購入、飼養、使役については、最初はできるかぎり、専門家の指導によること。ラクダは、われわれの家畜とはまったく異なるので、まずは現場で経験を積まなければならない。

購入の際に注意すべきことは以下の通り。五歳から七歳までは、ラクダは荷役不能である。十五歳から十七歳までのラクダも同様。五歳で下顎《かがく》の永久歯が生え、七歳で下顎の門歯がすべて生え揃う。痩せていたり、青草飼料の摂取を拒むラクダを購入してはならない。座り胼胝《だこ》の部分に、傷や瘻孔《ろうこう》があってはならない。こぶや背峰《せみね》〔馬や牛など、有蹄類の首の付け根にある隆起部〕についても同様である。各ドロメダールごとに、伏せさせたり、立たせることができる（従順さの試験）。その際、二、三人がラクダに乗ってみること。この試し乗りは、ラクダを命令に従わせ、また、できるかぎり、吠えさせないようにして、実行しなければならない。

ラクダの飼料となるのは、原則として牧草である。あらゆる青草飼料が、ラクダに適していなるわけではない(信頼できる原住民に尋ねるべし!)。駄載用ラクダを使役するに際しては、トウモロコシやキビの茎、ワラなどを、飼料として与える。通常の飼料は、トウモロコシ、キビ、大麦、燕麦《えんばく》、米、ナツメヤシなどである。重要なのは、ステップで塩田や自然の塩が得られない場合に、飼料に塩分を加えてやることだ。その量は、一日あたり約二十グラムである。

飲水は、常に間隔を変えて、三日ないし四日、もしくは五日ごとに行わせるべし。そうすることで、ラクダは毎回腹いっぱいになるまで飲水する。青草飼料しかない場合には、飲水間隔を長く取ることが必要になる。病気のラクダには、毎日腹いっぱい飲水させるべし。

ラクダは、ある程度、馬と同じように、後肢《こうし》、尾(排尿に注意)、足の裏などの手入れに、とくに気を配ること。

使用目的によって、ラクダには、騎乗用鞍、駄載用鞍、馬勒《ばろく》〔くつわ、おもがい、たづなどの馬具の総称〕としてのつなぎ縄などを装着させる。暴走しがちな騎乗用ラクダには、鼻たづなを付けることを勧める。これは、右の鼻翼に穴を開け、そこに輪で固定する。鼻たづなは、格別に経験を積んだラクダ乗りのみが握ること。すなわち、鼻たづなの使用は、特別の許可が得られたときだけであり、通常のたづなへの補助具として用いられる。

騎乗用鞍としては、仏領・伊領北アフリカで用いられるラクダ騎兵用の鞍を薦める。ヨーロッパ人にとっては、改良を加え、あぶみを付けたヤギ鞍〔ハンガリー式鞍〕のようなものである。中東では、騎座《きざ》が高い鞍が使われる。諸条例や修理に鑑み、現地の慣例に適応すべし。

宿営地や放牧地では、逃走防止のため、枷《かせ》を付けること。獣医による手術実施の際には、ラクダを常に伏せさせ、枷をかけるべし。

ラクダの強みは、中程度の速度を維持しつつ、牧草も水もなしで、一日の行軍をなし得るところにある。夜間・日中の冷涼な時間に行軍するのが、もっともよい。ラクダは反芻動物であるから、消化には長い時間を要する。牧草の場合には、それが相当の時間となる。それゆえ、小休止させるのは得策ではない。また、使役時間と休憩時間はともに、可能なかぎり引き延ばし、中断がないようにすること。行軍は一定の歩調を維持し、騎乗前に家畜小屋にいた場合は、最初は常歩《なみあし》にすべし。

ラクダは、力つきてくずおれるまで、行軍を続ける。よって、消耗のしるし〈後肢の震えなど）に細心の注意を払うこと！

騎乗用のドロメダール種で運べる距離〔一日当たりの距離か〕は、以下の通り。

―まとまった規模の部隊については、折り返し輸送で七十キロ、片道輸送で百キロ。

―選抜された小部隊については、折り返し輸送で百キロ、片道輸送で百五十キロ。

速歩の行軍速度は、通常八キロ〔こちらは時速と思われる〕。

騎手を含む荷物搭載量は、百五十キログラム以上にならないようにすべし。速歩で荷役に当たるラクダが、乗馬部隊とともに行軍する場合は、荷物搭載量は七十五キログラムまでとする。荷役用ラクダは隊商に使われ、常歩でしか進まない。荷物搭載量は百五十キログラムで、短距離の輸送に際してのみ、二百キログラムまで積むことができる。一日の行軍距離は、常歩を続けるものとして、三十キロ、例外的に六十ないし七十キロとなる。荷物は、専門家が準備・分配に当たること。

とくに馴れた騎乗用ラクダを除けば、ドロメダール種は人の近くを避ける。こうした特質に配慮し、その扱いは原住民に倣うべし。ドイツ兵の誰もが、良きラクダ乗りになるわけではない。各部隊ごとに、騎乗の経験がある者を選抜すべし。これには、志願者を優先すること。

ドロメダール種にとって、もっとも深刻な疾病は疥癬である。現地では、木タールの塗布という対応は、普通に行われている。背峰や胸部の胼胝には、非常に頻繁に圧迫がかかる（石や尖った異物に覆われた地面に、ラクダを伏せさせることは避けるべし）。

将兵への新鮮な肉と肉製品の供給

砂漠・ステップで戦う部隊は、主として保存食料による栄養摂取に頼らざるを得ない。これは、とくに食肉による栄養摂取にあてはまる。それゆえ、新鮮な肉や肉製品を供給することで、食事を変化に富んだものにすることが、とくに望まれる。

砂漠・ステップにおいては、限られた量の家畜しか得られないから、すべての将兵に対する公平な分配は、中央統制に従う調達によってのみ保証される。小規模の隊における畜殺は、これを厳禁する。食肉加工隊による畜殺のみが徹底的な利用を保証するのであり、衛生将校による事前の検査なしに、自ら加工した食肉を摂取することは、深刻な健康障害を引き起こす可能性があるからだ。

食肉用家畜とみなされるのは、牛、ヒツジ、ヤギ、水牛、ラクダ、また、もし手に入るようであれば（その場合は、ソーセージ製造にのみ使うべし）ブタである。牡羊《おひつじ》とヤギの肉は、春と初夏には格別美味であり、他の種類の食肉より好まれる。

北アフリカと中東の家畜はすべて、手荒い扱いを受けているため、非常に抗堪力が高くなっており、途中で飲水させてやれば、トラックでの長距離輸送にもよく耐える。北アフリカでは、家畜購入場と食肉加工所は、往々にして、互いに二千キロほども離れている。

家畜購入は、まず第一に衛生将校か、通訳をともなった食肉加工中隊の軍属により、信頼できる現地商人か、原住民部族の有力者（族長）の助力を得て行うべし。そうしていれば、東洋商人の激しい駆け引きにも、非常に早く慣れることができる。

食肉加工中隊の作業場としては、もし清潔であれば、既存の畜殺場の使用を薦められる。そうでなければ、開けた砂漠に施設を設けるべし。

畜殺時の水の使用はわずかである（大型獣一頭ごとに、八ないし十リットル）。よって、蠅がたかる恐れがないよう、作業場は、あまり泉の近くに設置しないほうがいい。また、頻繁に交通往来があるところの近くでは、仕事に専念できなくなる。

燃料は現地で調達しなければならない。

食肉用家畜は、畜殺前二十四時間は休ませねばならない。畜殺は、午後早くか、晩の冷涼な時間に行うこと。午後早くに畜殺すれば、食肉表面の薄い層が乾燥して、羊皮紙状になり、それによって保存性が高まるという利点がある。右記のいずれの時間に畜殺するとしても、食肉は一晩風通しのよい場所に吊るして冷やし、翌朝に支給すべし。現地牛から取れる肉の量は、その身体のおよそ三十五パーセントにすぎず、ヤギの場合は、それ以下になる。

ブタが手に入った場合には、ソーセージ製造が可能になる。それは、燻製にすることで、一日保存可能になる。ただし、新鮮なソーセージは、適切に運び、正しく保存すれば、かなり持つ。

ラクダの畜殺に関しては、特別な注意はない。ラクダの肉は、牛肉に似たものである。

第一二章　兵器、機材、弾薬の取り扱い

砂漠・ステップにおいては、気温の高さ、強烈な太陽光線、激しい天候の変動、大気湿度の高低差が大きいこと、砂嵐などがあるため、兵器、機材、弾薬の取り扱いを、慎重かつ綿密に行うことを必要とする。従って、指示された取り扱い注意と保護措置すべてに関する知識とそれらへの顧慮は、兵器、機材、弾薬の即応性と機能を常に維持するために、とくに重要である。

兵器、機材、弾薬の取り扱いについての細目は、D三四教本に収められている。以下、それらの取り扱いに関する重要な指針のみを掲げる。

歩兵用の兵器と機材

可能なかぎり、直射日光に対して、兵器と弾薬を保護すること。

飛砂や塵は、熱帯においては、兵器全体に危険をおよぼす。とりわけ、兵器の密閉部分の可動性について然り。

兵器を毎日手入れするのは、きわめて必要なことである。その際、剝き出しになっている部品と錆止めをほどこした部品には、皮膚ほどの厚さに塗油し、塗装された部分は拭って清掃する。

銃口蓋《じゅうこうがい》をかぶせ、あらゆる兵器の銃身に塵が入り込むのを防ぐこと。緊急時には、銃口蓋をそのままにして撃つことができる。

個々の兵器については、以下の通り。

―K98K小銃。安全装置を用いて、遊底に塵が入るのを防ぐ。

―P08およびP38拳銃と予備弾倉。ホルスターを布きれでくるんで、保護する。

―MP38、39などの短機関銃。遊底部は塵に弱い。弾倉の銃弾排出部を布で縛って、保護すべし。

―38、39式対戦車ライフル。塗油されていない場合には塵に弱いから、よく拭い、防塵蓋で覆うこと。

―MG34機関銃。防塵蓋で覆い、ケースカバーには留め金をかける。すべり面や可動部分は、行軍中にもよく清掃し、最初の交戦に突入する際に塗油すること。交戦中に遊底が汚れた場合には（遊底交換）、ケースのすべり面と安全装置の部品を清掃し、再度射撃する前に、遊底と安全装置の歯の部品に充分に塗油すべし。

―銃架付ＭＧ34機関銃。天幕用布地で包んで保護する。

―ＭＧ３１１(f)車載機関銃。ケースを布きれで包んで保護する。遊底部分は、本兵器を組み立てるときに塗油すること。

―二センチ35(f)戦車砲。ケースを布きれで包んで保護する。

―弾薬箱。粘着テープ（ライン河畔ボンのラーケマイヤー社製ヌルノプラストＣ４）で密閉する。

―工具・補充部品・備蓄品等の保存箱。中身に、皮膚ほどの厚さに塗油し、油紙で包む。隙間は粘着テープで密閉する。


弾薬。弾帯に収められたもの、そうでないものともに、毎日塵を取り、塗油しない。弾帯と弾倉はよく拭うこと。

火砲（迫撃砲、対戦車砲、歩兵砲、砲兵の大砲）

防塵。砲口覆い、閉鎖機カバー、照準器カバー、行軍用カバーが、いつでも定位置にあり、良好な状態に保たれているかを検査すべし。

砲口保護のため、通常の砲口覆いに加えて、そのまま打ち抜けるような覆いを付すのは避けること。予備部品や照準器を収める箱の隙間には、粘着テープを貼る。小型の機材や機材の部品は、箱に収めるときにも、天幕布地、油紙、布きれなどで包むこと。33式重歩兵砲の車軸は、保護カバーでくるむべし。

外から手入れできる可動部分、とくに、閉鎖器、砲身、旋回・仰俯《ぎょうふ》機構、方向指示器、ハブ等を入念に清掃するため、あらゆる小休止の機会を利用すること。露出した弓状歯車やスピンドルには、皮膚の厚さほどだけ塗油する。

ブレーキの利きは、規定を満たすまで、繰り返し試験すべし。

駐退復座機は、規定の圧力で試験すべし。人工ゴム製のシール・リングのみを用いること。

油・油脂。耐熱性の油・油脂を用いるべし。

加えて、清掃用具も携行すること。

自動車機材

砂漠・ステップにおける「自動車業務」の章をみよ。

通信機材（無線・有線等の機材）

太陽光線、激しい気温の変化、飛砂に対して、絶対に保護すべし。詳細は、D三四教本を参照せよ！　こうした、壊れやすい通信機材は、通常以上の手入れをほどこすことによって、作動可能な状態に保たれる。

光学機器

直射日光や塵に対して、あらゆる光学機器を防護すべし。ガラス面は、付属の塵取りブラシで頻繁に掃除すること（ハンカチなどは絶対に用いてはならない）。太陽光が厳しいときには、防眩《ぼうげん》ガラスを利用する。光学機器はすべて、付属のケースにしまう前に、徹底的に清掃し、塵を通さないように包装する（布、油紙を用いる）。

煙幕・対毒ガス機器

発煙筒。強烈な陽光のもとでは、発煙剤が分解し、引火することがある。火災の危険あり！ それゆえ、発煙筒を収めた箱は、直射日光から保護すべし。発煙筒は、使用前に箱から取り出すこと。

対毒ガス防護機器。熱帯用吸収缶（Tp）、濾材筒《ろざい》（熱帯用）の濾材板、対毒ガス防護箱（熱帯用〔ガスマスクと付属品を収めた箱〕）のみが用いられる。

あらゆる濾材は化学物質であり、湿気にさらされたり、高温のもとに置かれると、その効力は急速に失われる。

木製、もしくはボール紙製の、皮膚用ならびに兵器用の解毒装置、解毒剤、解毒機材は、湿気や太陽光線から保護し、冷蔵すること。

毒ガス検出用紙は、湿気と太陽光線に対して保護されるように保管すべし。

防毒袋と軽量の防毒服は、高温のもとでは粘着しやすい。よって、頻繁に広げ、場合によってはタルカム粉を振っておく。直射日光から保護すべし。

弾薬

高温地域における弾薬の取り扱いで、もっとも重要なのは、集中的な太陽光線から弾薬を守ることである！

温度が非常に上がったり、きわめて乾燥している状態の火薬を使うと、普通でないガス圧が生じることがある。それによって、兵器とその操作手が危険にさらされ（筒内爆発！）、命中精度は減少する（着弾が遠くなる！）。

気温が劇変すると、貯蔵性が悪くなり、命中精度が低下する。

高温地域に生じる大気湿度の劇変により、火薬の湿度もまた大きく変動する。有害な影響が出るのを防ぐため、以下の点に厳密なる注意を払うべし。

(a) 火薬は、射撃直前にケースから取り出すこと！

(b) 薬筒は、毛布か、天幕用布地でくるむこと！

(c) 毛布、天幕用布地、わら布団で覆われた弾薬嚢《だんやくのう》は、覆いを外し、空気が流通するようにすべし！

(d) 弾薬と弾薬嚢は注意深く取り扱い、気密状態で保管すること。

歩兵弾薬

熱帯で、射撃に使うことが許されるのは、気密状態に包装された弾薬のみである。特別の熱帯表示に注意すべし！

砲弾・迫撃砲弾

この種の弾薬は気密状態に包装されている。薬莢・薬筒には、「PT＋摂氏二十五度」という特別の表示が付される。各将兵には、通常の火薬温度は摂氏プラス二十五度という意味であると理解させるべし。射撃諸元盤にオーバーレイをかけることに注意せよ！

近接戦闘・爆破・点火機材

三五式対人地雷と三五式対戦車地雷は、地表温度が五十度を超えると、作動しないことがあるのを計算に入れるべし。対人・対戦車地雷ともに熱帯用の密閉を心がけ、敷設の際に損傷させないよう注意すること。

照明・信号弾

照明・信号弾は、酷暑や湿気の高いときには、非常にこわれやすい。また、自然発火の恐れがあるので、直射日光に対しては絶対に保護しなければならない。照明・信号弾は、可能なかぎり、気密性の高い容器に入れておくこと。

照明弾用拳銃は、応急処置として乾いた布で包み、塵から守ることができる。また、銃口には、一時的に木製の栓や布を詰めて、密閉すべし。

第一三章　自動車業務

A. 運転

一般事項

砂漠と砂漠類似の地域における良好な運転は、以下の条件に左右される。

—運転手が自らの車輌について、よく知っていること。

—運転手は、砂漠・ステップでの運転、少なくとも砂地の運転について、実践経験を有していなければならない。

—運転手は、地図が読めなければならず、行軍コンパスの使用方法に熟知していなければならぬ（「砂漠・ステップにおける位置標定」の章を参照せよ）。


それぞれの運転手が、乗車前に、飲料水・食料、燃料、潤滑剤、冷却用水、予備部品、土工用具、砂地や泥濘地を渡るための補助材等々を点検するよう、しつけられていなければばならない。

深い砂地や湿地で、前輪がどのような状態にあるかを知るためには、運転手は、前輪が直進状態で揃っているときに、ハンドルの上方真ん中に印を付けておく。それによって、前輪の位置がわかるのである。運転手、もしくは運転助手は、行軍コンパスを携行しなければならない。良い地図が必要であるが、それが手に入らない場合には、道路の略図を描いて代替しなければならない。

走行距離計（キロ）と時計の付いた速度計を整備しておくこと。

問題なく車行可能と認められているわけでない地区（たとえば、流砂地帯や湿地）は、綿密に偵察すべし。必要とあらば、道に目印を付す。そうしたことに使った時間は無駄にはならない。

長距離にわたって路外を横断車行する際には、原住民の運転手に任せるべきではない。特別の訓練を受けていない原住民は、慣れないスピードであろうと意に介さず、大筋を見失う。信頼できる通訳は、きわめて有用である。

地表が堅固で平坦な土地（たとえば、粘土質砂漠）では、高速運転が可能になる。ただし、方向を見失い、結果として、時間と燃料を浪費することは許されない。

確たる地盤を持たぬ砂地の道を、縦隊で車行する場合には、先行車輌の軌跡、あるいは古い轍《わだち》の跡を避けるべし。地盤が岩で、礫《れき》が敷かれた道でも、車の運行で傷められている場合は、車台や駆動系の損傷を避けるよう気を配ること。

行軍の際、状況が許すなら、エンジン保護のため、舞い上がる砂煙を避けられるように、車間距離を取るべし。

梯隊を組んでの車行（しばしば広い正面を取る）は、先行車輌が巻き上げる砂塵による運転手の負担を軽減し、同時に開かれた視界を得ることを可能とする。

途上に飛砂や泥濘地があると認められた際には、下当て用の金属板を並べてやることにより、スタックする危険を予防することができる。麻縄と木製はしご段からつくられた、巻き込み可能な、車輌の二倍ほどの長さがある下当て板も、有効であることが証明されている。これらは簡単に持ち運びできるのだ。

砂嵐が発生したときには、戦闘状況上、運転を続けることが必要でないかぎりは、即刻停止し、列間隔を詰めること。大休止を取る場合同様にエンジンを切り、エンジンフードを閉ざすべし。トラックの幌は縛りつけ、乗用車の幌も閉ざす。側部は固定し、冷却器とエンジンフードを覆い隠すこと（可能であれば、エンジンも布で覆う）。車輌は、冷却器とエンジンが風向の逆を向くようにして停車する。排気管口は、布か、栓でふさぐ。これは、つぎに発車する前に取り去ること。可能であれば、砂嵐が止んだ直後にエンジンを清掃すべし。

一定速度で運転することが必要である。急にスピードを上げると、車輪が空回りすることがある。それによって、乗用車は砂中にめりこんでしまうのだ。できるかぎり直進し、急カーブは避けること。冷却水の沸騰を防ぐため、エンジンの回転数を高くして、運転するべし。ただし、過剰に回転数を上げてはならない。追い風を受けて運転する場合には、頻繁に停車し、冷却器を風に向けること。高速走行により、向かい風を冷却に利用することもできる。

追加の前輪駆動装置が付いているトラックの場合、困難な地点（砂地、泥濘地、礫地）を横断する際に作動させるべし。再び堅固な地盤に乗り上げたのち、前輪駆動装置を切ると、運転上の困難が生じることがあるので、一時的に駆動を継続させておくこと。これは、若干の緩やかなカーブを描いて走ったり、自動車をわずかに後進させることで補うことが可能である。

装軌車輛については、履帯が外れることがあるので、砂上の急旋回を避けること。堆積した砂により、履帯が起動輪や誘導輪より押し下げられてしまうからである。急な砂丘は、けっして斜めに越えようとしてはならず、常にまっすぐに上り下りするようにすること。さもなくば、履帯が外れかねないからである。

停止の際、ブレーキは、できるだけ柔らかい調子でかけること。急ブレーキをかけると、トラックは往々にして、軟らかい砂にめりこんでしまう。燃料タンクは、給油のためにどうしても必要なあいだだけ、開栓すること。燃料補充には、なるべく給油ホースか、給油漏斗《ろうと》を用いるべし。

満杯にした燃料タンク、とくに一体式のタンクは、燃料が噴き出さないよう、圧力を調整しながら、ゆっくりと開栓すること。

砂漠の長距離行軍のために、〔必要な〕燃料や潤滑油の計算をするときには、道路を進む場合よりも、燃料消費量が非常に大きくなるので、相応の量を追加しなければならないことに注意すべし。

地表の状態

いわゆる街道、ピスト、隊商路のたぐいはすべて、単に自然の働きか、軌跡によって固められた、二つの地点を結ぶ連絡路にすぎず、自動車や運転手には、まったくの路外を走るのと同様の負担がかかる。

砂砂漠は主として、多くは厚い層をなした粒状の砂からできている。その表面は、比較的堅固である。それゆえ、砂砂漠を一定の速度で順次進む装輪車輌にとっては（オートバイを除く）、ほとんど障害にならない。しかし、装軌車輌の場合は、順調な運転は、まず期待できない。堆積した軟らかい砂や飛砂の丘を越えるときには、運転はより困難になろう。そこでは、多くの場合、装輪車輌はスタックしたり、砂に沈み込んでしまうからである。

石砂漠では、土台が硬く、頭ほどの大きさまでのとりどりの石で表面が覆われている。こうした地域では、大きな寒暖差が作用し、石は砕けて、尖った角のあるかたちになる。そのため、タイヤには大きな負担がかかる。石砂漠では、ねじれや突起のため、自動車には普通以上の負担がかかるのである。

灌木のまわりの吹き溜まりにできた低い砂丘は、危険な障害となる。これは迂回すべし。涸れた河床においては、岸の多くが急峻な崖となり、河床自体は軟らかい砂から成る。横断可能な地点を偵察し、目印を付すこと。鋤でわずかな地ならし作業をするだけで、涸れた河床の横断も、往々にして容易になる。

水が流れる溝を横断する際は、車輛が動けなくなりがちである。

堅固な砂地は、自動車の走行に非常に適するが、泥濘が堆積しているところは避けるべし。ただし、湿った砂地は、場合によっては、よく走行に適している。

藪が繁茂している場所は、一般に走行しやすい。ただし、釜状の窪地は避けること。そうした場所は、それを取り囲む藪が明るい緑色を示すので、そうとわかる。

砂礫砂漠では、良好な走行が可能である。そこでは、広範囲にわたり、表面が礫の層で覆われた砂地がしばしばみられる。飛砂が堆積しているところに注意すること！

降雨によって、塩湖〔水が蒸発して、塩分だけが残った窪地〕の表層状態は劇変する。乾燥した状態では、表面がひび割れ、樹皮状になっているが、また砂塵も多く、塩の層もある。その際も注意すること。表面は乾燥しているように見えても、ときに、地下の部分が湿っていることがあるからだ。表面が黒くなっているときは、抗堪性があるかどうか、調べてみること。塩湖では、常に注意を払うことが適切である。

激しい降雨があったのちには、あらかじめ自動車を一両、偵察に前遣すること。それなしに、縦隊に湿地を横断させるようなことは、けっしてあってはならない。より望ましいのは、徒歩の者を一名出して、適当な道を偵察させることである。路外走行用チェーンは、湿地を横断するときには、大きな助けとなる。

その他の地表関係事項。たいていの場合、地表の状態に気を配らなければならない。それは、ドイツにおいて、たとえば、砂丘地帯や道無き山岳地帯、湿地や湿原に注意を払うのと同様であるし、ロシアの占領地についても、そうした地勢は知られている。これらは、相応の困難を課してくるのである。

出動前の作業

すべての密閉材を検査する。

空気フィルターを外し、入念に清掃せよ。

スプリングに潤滑油を塗り、その状態を検査すること。金属疲労したスプリングは、新しいものと交換し、緩んだスプリング留め金は締め直す。付属のスプリング防護装置も、あらためて装着すべし。

最後にその作業を行ったのがいつであろうと、潤滑系統図を参照しつつ、車輛の各部分に潤滑油を塗布すべし

冷却器を外から清掃する。さらに、冷却器を空にしたのち、水を満たすべし。アコロール〔腐食防止剤〕を含んだ水を、飲用や調理目的に使用することは許されない。強力な毒性があるからだ。「アコロール」を添加したならば、識別票を装着しておくこと。「アコロール」がないときには、折あるごとに冷却水装置をすすぎ、真水で満たすべし。冷却水循環装置の連結管のうち、損傷、もしくは腐食したものは交換すること。

タイヤの空気圧点検。その前に、圧力計が正確な数値を示すか、検査すべし。失敗一つで、タイヤの荷重支持性は著しく損なわれる。

牽引車輛のゴム製クッションを固定し、良好な状態にあり、すべて揃っているかを確認する。クッションが欠損しているか、損傷していたなら、使用可能なものと交換すべし。

潤滑油・燃料フィルターをすべて清掃する。自動車付属の潤滑油・燃料用漏斗が給油口に

合うかどうか、また、そのフィルター装置が破損していないかを確認すること。

エンジンの潤滑油が、適当な使用時間、もしくは、相応の走破距離内（一千キロ）で交換されているかどうか、再点検する。

変速機、ハンドル回り、差動ギア、付属器具、軸駆動関係の潤滑油の状態を検査し、補充すること。

電気系統もすべて点検する。同じく、蓄電池を、電圧計・比重計とともに、専門の技師に検査させるべし。

照明関係の作動状況を、専門の技師に検査させ、必要な調整を行うこと。

損傷した工具はすべて交換し、欠損しているものは補充する。

障害物とその超越

（「地表の状態」の節を参照せよ）

緩い砂地にある狭隘な地区は、車輪が空回りして、地面にめり込まないよう、可能なかぎりギアをハイにして通行すること。ギアをローに下げることが必要なときには、エンジンの回転数が下がる前に行うべし。砂地の表層部が幅広に存在し、そのため、推力を維持することができない場合には、早期にギアをローにして、エンジンの回転数を保つべし。軟らかい砂地でのギアチェンジは避ける。同様に、軟らかい砂地で、過早にギアをハイにしてはならない。

不安定な砂地は、徒歩で、その抗堪性を偵察すべし！

耕作地の道は通常、運河・用水路沿いの土手道のかたちで設置されている。そうした道路の縁を車行しないように注意すること。それらは、自動車の重みで崩落しやすいものだからである。

大きな石まじりの礫で地表が覆われている場合には、ギアを一速に入れ、極度の注意を払って、運転すべし。前輪が、そのような障害物を踏まぬようにするだけでなく、大きく反動をつけることによって、後輪の変速機や差動ギアが損傷しないように注意すること。

雨を流す溝は、スプリングの損傷を防ぐため、ギアをローにして、斜めに車を進めるようにして、渡るべし。

横断困難な、涸れた河床、溝、斜面等には、必要充分な注意を払いつつ、ゆっくりと進入すること。さらなる前進は、進行路が正確に偵察され、石を敷いたり、障害物を除去するといった必要な道路の改良をほどこした場合にのみ、実施する。河床に礫や石があるときには、特別の注意が必要となるし、ハンドルもしっかりと握ること。

稜線を越える際には、徐行しなければならない。その向こう側に、急斜面や崖があるかもしれないからである。

粘性の強い泥濘地では、適宜チェーンを装着する。三軸車輌の場合は通常、チェーンを付けるだけで、それ以上の処置はまったく必要ない。車輪の荷重支持力が失われるような、軟らかい泥濘地の場合、助けになるのは、遅滞なく速やかに通過することのみ。ともに車輌を押す要員が必要である。これらの要員は同時に、自動車が針路を維持し、左右にぶれないように注意すべし。

水路等を進む際は、偵察を行い、針路に目印を付す。回転数を上げ、ギアを低くして徐行、車間距離を取って進むこと。水位が潤滑油槽に達するほど高い場合は、そこを抜けたのちに、潤滑油を点検するか、または、ただちに交換することが必要である。

鉄道堤を横断するときは、どこがいちばん上手く乗り上げられる地点かを、細心の注意を払って、調査すること。スロープを築くのに使う時間は、けっして浪費にはならない。

スロープ構築には、踏み板、金属板、木材、砂袋、石などが利用される。

砂漠・ステップの事故に際しての行動

車輌が一時的に脱落した場合には、その取り扱いができる者を、少なくとも一名付けておくことを原則とする。わずかな停止のあいだといえども、無人状態で車輌を放置することは、絶対に許されない。

ある車輌が、手持ちの道具では修理できないぐらいに損傷したならば、縦隊指揮官は、任務や当該地域の危険性、自動車の数、走行すべき距離、給養、携行している水の量、気温等を考慮した上で、以下のことを決定する。

—当該車輌を牽引し得るか。

—もしくは、乗員をすべて出発地点に戻して、そこで救援隊を編成するか。

—もしくは、当該車輌を、その乗員に警備させ、救援到着まで保持するか。

個々の車輌については、砂漠を横断して救援を連れてこさせるような任を与えるべきではない。行軍途上であろうと、その場に残すこともあり得る。救援要請のため、複数の車輌を引き返させる場合には、自らの軌跡に沿って走らせること。近道を探すようなことをさせるべきではない。

脱落した車輌のもとに留め置かれた乗員は、そこから動くことを許されない。味方航空機が、空から車輌一両を探し当てることはできるが、人間一人を視認するのは困難なのである（付録「砂漠の事故に際しての行動」参照）。

沈降した自動車の引き出しと牽引車輌の運用

砂や泥濘にはまり込んだ自動車も、それを引き出すのに必要な資材が正しく用いられれば、短期間で自由にしてやることができる。そうした資材なしに、自動車が自力で動けるようにしようとすれば、通常、より深くはまり込むか、駆動機構の損傷を招く結果となる。

エンジンの回転数を高くしたり、急にクラッチをつなぐのは無意味であり、多くは、シャフトを折ったり、動力伝達系のどこかに損傷を来すことになる。
引き出し用の応急手段としては、以下のものが使える。
—装着されたチェーン。
—石。
—礫。
—キャメルソーン。
—土嚢、もしくは、一部に砂を詰めた袋。
—厚板、もしくは木材。
—針金網。
—巻き込むことができる下当て板。
—下当て用金属板。

鋼鉄製の砂地用下当て金属板は、スタックした自動車を引き出す際、回転させて、持ち上げた車輪の下に滑り込ませる。その際、意図する進行方向側の起動輪の砂を除去しておく。それによって、発進時に、ただちに堅固な地面に当てることができる。このときに重要なのは、非常にゆっくりと車輌を発進させ、同様に前進させることである。

砂地用下当て金属板がなく、自動車がさらに砂地にはまり込んでしまう恐れがある場合は、一六五頁に記したような資材で、しっかりした車行路を構築すべし。

例外的に、所定の圧力まで、タイヤの空気を抜くことも可能である。その場合、タイヤが車輪外軸から外れたり、バルブが取れないよう、細心の注意を払うべし。車輌を引き出したのちは、タイヤの空気圧を所定の高さに戻すこと。

六輪車はチェーンを装着するだけでよく、たいていの場合、砂地用下当て金属板を使うのは余計である。

砂地、もしくは泥濘にはまり込んだ自動車を発進させる際は、すべての人員を当てて、押してやること。乗用車は、それ自体の重量が許すかぎりは、乗員が押してやることで、浮かび上がらせるのが容易になる。

右に挙げた諸処置が功を奏さない場合は、牽引車や巻き上げ装置で引き出してやる。その際、あらかじめ、車輪の固定装置を外しておくこと。

牽引車による引き出しのときに、深く刻まれた軌跡から車輪を外すために、ハンドルを切ろうとすることは、いつでも無駄になり、運転装置の損傷につながる。車輪の先に道を掘っておき、ハンドルを使うことなく、牽引索の方向に直接旋回していくようにすべし。車輛を押す人員を配置するのは、牽引の際にも必要である。それは、いかなる場合においても、牽引機器と車輛を傷めず、負担を軽減してやることにつながる。

小休止・大休止

小休止・大休止は、状況、気温、道路事情により、可能なかぎり頻繁に取るよう、予定しておくべし。その際、可能ならば、車輛を風にさらすこと。高温であるが、砂塵が舞い上がっていない場合には、とくにボンネットを開いておく。

ある車輛が故障を起こして、予定外の小休止に至ったときには、その隊の指揮官は、かかる時間を活用して、あらゆる車輛を点検、あり得る故障を直しておくように注意すること。

大休止・小休止において、行うべき作業は以下の通り。

—水、燃料、潤滑油の点検、または補充。

―タイヤ空気圧の点検。もし、圧力が許容値よりも下になっていたら、空気を入れてやる。

―現地の酷暑にさらされた車台や動力伝達系を点検し、ネジやボルトなどが外れていないか、確認する。

―エンジンとその付属部分（伝動ベルトを含む）の点検。

―スプリングの点検。

―積荷を点検し、場合によっては固定する。

―すべての空気フィルターの清掃。

野営と自動車の駐車

野営での駐車には、自動車技術上の見地から、以下の点に注意するのが適当である。

―出入りが容易にできること。

―偽装しやすく、地表に石がなく、少なくともタイヤの上端まで、自動車を覆うことができる壕を掘るのが可能であること。

—地表が、自動車の塗装に相応した色であること。
—可能なかぎり、砂塵がない場所であること。進入路は、風向に対して、斜めに設定する。
—補給用道路からの距離は最低五百メートルとする。宿営地から駐車場までの距離は、およそ二百メートルほど離しておく。
—冷涼で、それによって、正午前後の数時間にも、自動車に関する作業が可能になる場所。

原則として、自動車は、エンジンが風を受けないように駐車する。排気管の口は、栓をするか、覆いをかける（発車前に取り去ること！）。エンジンカバーと冷却器にも覆いをかけ、飛砂を防ぐ。その際、覆いの布地は地面まで垂らすようにしなければならない。布の裾は、砂や石で固定すること。

同様に、タイヤ、牽引カーゴのゴムクッション、戦車の転輪にも覆いをかけ、直射日光を防ぐ。満杯になった水・燃料タンクは、日陰に運ぶか、自動車の下に置く。

長期間にわたる大休止や露営に際しては、日光や砲爆弾の破片に対して、自動車を保護するため、壕のなかに入れる。壕の深さは、およそ一メートルとし、それによって、なるべくタイヤ上端部までが壕自体に入るか、周囲の土壁で保護されるようにすること（図14）。

堅固な地盤においては、石を積むだけで充分に同様の保護をほどこすことができる（図13）。茂った木の葉や枝などを使えるときには、自動車全体を覆って、継続的に日光から守ることができる。また、それらは同時に、航空士の視認を妨げる効果的な偽装となる。運転終了後の作業については、一六七ならびに一六九頁をみよ。

24 自動車の手入れ

自動車の手入れは、自動車に付された、機器に関する説明書と取扱指示書に従って、実行すべし。しかしながら、塵芥、酷暑、泥濘によって、車輛の部品はすべて、たちまちのうちに損耗するものである。

自動車の保持と即応能力にとって、上官の配慮と理解、運転手の知識と綿密さ、そして、自動車のたゆまぬ手入れと点検といったことが持つ意味は、普通の条件下にあるときよりも重要となる。

一般に、取扱指示書によって、一定期間中に行うべしと定められた処置は（たとえば、潤滑油の塗布や交換）は、取扱指示書に決められた時間、もしくは走行距離の半分を経た時点で実施すること。

エンジンや車台で、砂塵に損なわれる恐れがある部品の保護は、考え得る手段のすべてを尽くして、行うべし。その際、遮蔽する部分の機能に即して、気密状態にするか、通気性を保つかを区別することに注意せよ。

気密状態にして遮蔽するために使用し得る資材は、つぎの通り。粘着・絶縁テープ、皮革用接着剤、天幕用布地、布地、帆布、人工皮革、油紙（これらを第一種、Ⅰとする）。

通気性を持たせて遮蔽するのに使用し得る資材は、つぎの通り。ラミー織り綿布、亜麻布（防水措置をほどこされていないもの！）、フェルト、ガーゼ包帯（これらを第二種、Ⅱとする）。

密閉材の固定用固縛材として使用できるのは、つぎの通り。針金、細縄、麻ひも、ホースからつくったひも、輪ゴム（古タイヤから切り出す）。ショートの恐れがあるから、電気機器周辺には針金を使うべからず。

応急的に密閉可能な部品は、つぎの通り。空気フィルター(Ⅱ)、潤滑油注入用キャップ（気密性あるもの、Ⅰ）、（通気性あるもの、Ⅱ）、排気栓(Ⅱ)、潤滑油計測棒、シリンダーヘッド・カバー（通気孔）、気化器(Ⅱ)、噴射ポンプ、照明器具、ディストリビューター(Ⅱ)、磁気点火器

(II)、スターター(I)、燃料ポンプ(II)、クラッチ/ケース(I)、変速装置（IおよびII）。
車台。カルダン軸のユニバーサルジョイントとスプラインシャフト(I)、後部車軸(II)、全部車軸(II)。ジョイント部分。運転系統。油圧ブレーキ(I)、エアブレーキ(II)、燃料タンク(II)、速度計、集中注油装置(II)、牽引索。

英米製の鹵獲車輌の化学式空気フィルターは、清掃したり、注油することができない。その使用期限が過ぎたのちは、相応のドイツ製大型空気フィルターと交換すべし。

エンジンの充分な冷却を保証するのは、冷却に使える装置のすべてを使って、いっそうの配慮をほどこすことである。過熱した自動車は、停車前に、空荷で少なくとも五分間走らせること。

日中と夜間で大きな気温差があることから、ディストリビューターと点火栓の電極に結露水が生じる。それゆえ、起動が困難なときには、ディストリビューターと点火栓に付着した水滴を除去すること。

高温地域では、クラッチ板の油層が固まるため、慣性始動機が作動しなくなる。手で何度も始動レバーを引き、慣性始動機を動かして、障害を除去すること。

ゴムや皮革は、あらゆる手段を尽くして、太陽光線からさえぎるべし。

タイヤの空気圧が規定通りになっているか、とくに注意を払うこと。太陽光線や摩擦熱で上がったタイヤの空気圧は、空気を抜いて下げるべきではない。予備タイヤ・バルブは、太陽光線のもとで、たやすく膨らませることができる。それらの保存の際には、二か月おきに、一時的にでも使用に供すること。

車体の可動部分すべてと、動かせるように装着した武器は、覆いをかけるか、塗油することによって、塵を防ぐべし。

予備部品、とりわけ、砂漠・ステップ地域の事情から、より必要となる部品については、いっそう多くを搭載するようにすること。

各車輌は、充分な土工用具、問題のない牽引索、地形的障害克服のための道具多数を装備しなければならない。

付録一　突進線

解説

突進線の助けにより、地図上・地勢上の特定地点の表示が、命令伝達、報告実施、砲兵射撃の観測誘導に活用される。

当該団隊の移動帯における二点を結ぶ線を地図上に引く。この連結線は、攻撃方向に合わせて引かなければならない。この線に、センチ単位で目盛を付けていく。開始点は、当該団隊の出発点を示す垂線に置く。

ある特定地点（目標）の表示は、右のごとき突進線上の垂線目盛をいうことによって伝えられる。その状態も、以下のようなやり方で指定できる。

(a)　突進線と垂線の交点を示す。

(b)　指示する地点が、突進線の左右いずれにあるかを示す。

(c)　突進線から垂線を延ばして、何センチのところにあるかを示す。

突進線の実例図をみよ。

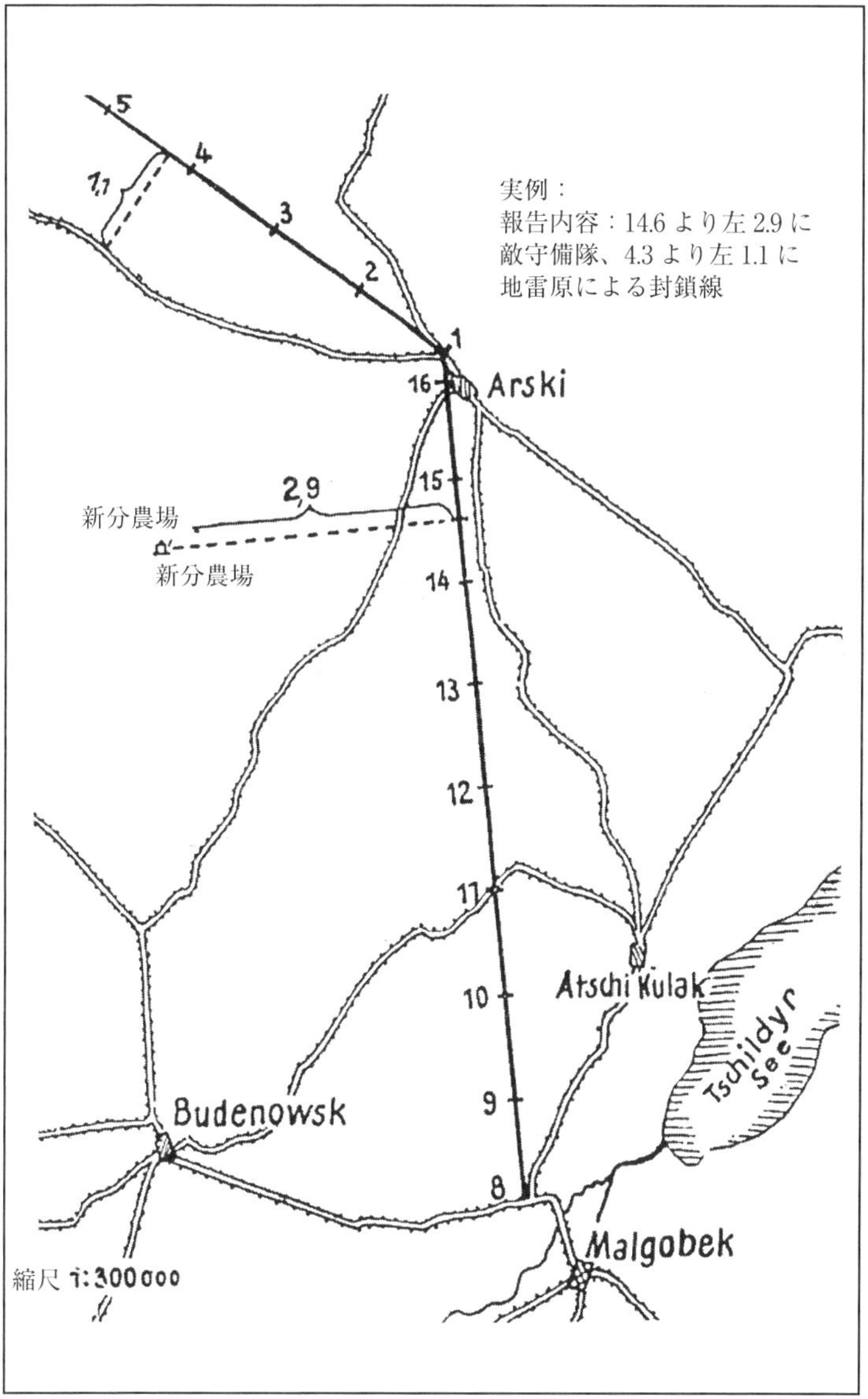
5
4
3
2
1
1,1
実例：
報告内容：14.6 より左 2.9 に
敵守備隊、4.3 より左 1.1 に
地雷原による封鎖線
16
Arski
15
2,9
新分農場
新分農場
14
13
12
11
10
Atschi Kulak
Tschildyr See
9
Budenowsk
8
Malgobek
縮尺 1:300000

突進線

あらゆる縮尺の地図の読み取り単位は、センチに統一する。

突進線を指定するにあたっては、原則として地図の縮尺を指示する。それによって、伝達報告を行うのである。別の地図を使って報告する場合には、縮尺を付すこと。別の縮尺の地図上に報告された地点を写す際に必要な計算は、受領側が行うべし。

敵が、突進線にもとづいて交わされた無線通信を傍受・分析するのを困難にするために、突進線の開始点は一般にゼロで表示するのではなく、別の数字で表記すること。移動帯内で、突進線が折れ曲がるときには、当該の屈折点をあらためて記し、そこに開始点の数字を付す。ただし、誤認を防ぐため、旧突進線に使われた表示数から、相当飛んだ数を選ぶべし。

付録二a　砂漠・ステップにおける行軍コンパスの使用法

Ⅰ．行軍コンパスの部分

行軍コンパスの主要な部品は、図1に示す。

Ⅱ．コンパスの操作

(a) 地図とともにコンパスを使用するにあたっては、原則として、以下の偏差を適用すべし。南部ロシアでは、東方向への偏差（図2、位置aをみよ）。仏領北アフリカでは、西方向への偏差（図2、位置bをみよ）。イタリア領北アフリカとエジプトでは、偏差は用いない（磁針は北を指す）。

(b) 地図なしで行軍コンパスを使用する際には、偏差は適用しない（付録三を参照）。

地図を北に合わせる

(a) 欄端表示等を備えた、完全な地図を使用し得る場合。目盛盤を回し、方向指示器と

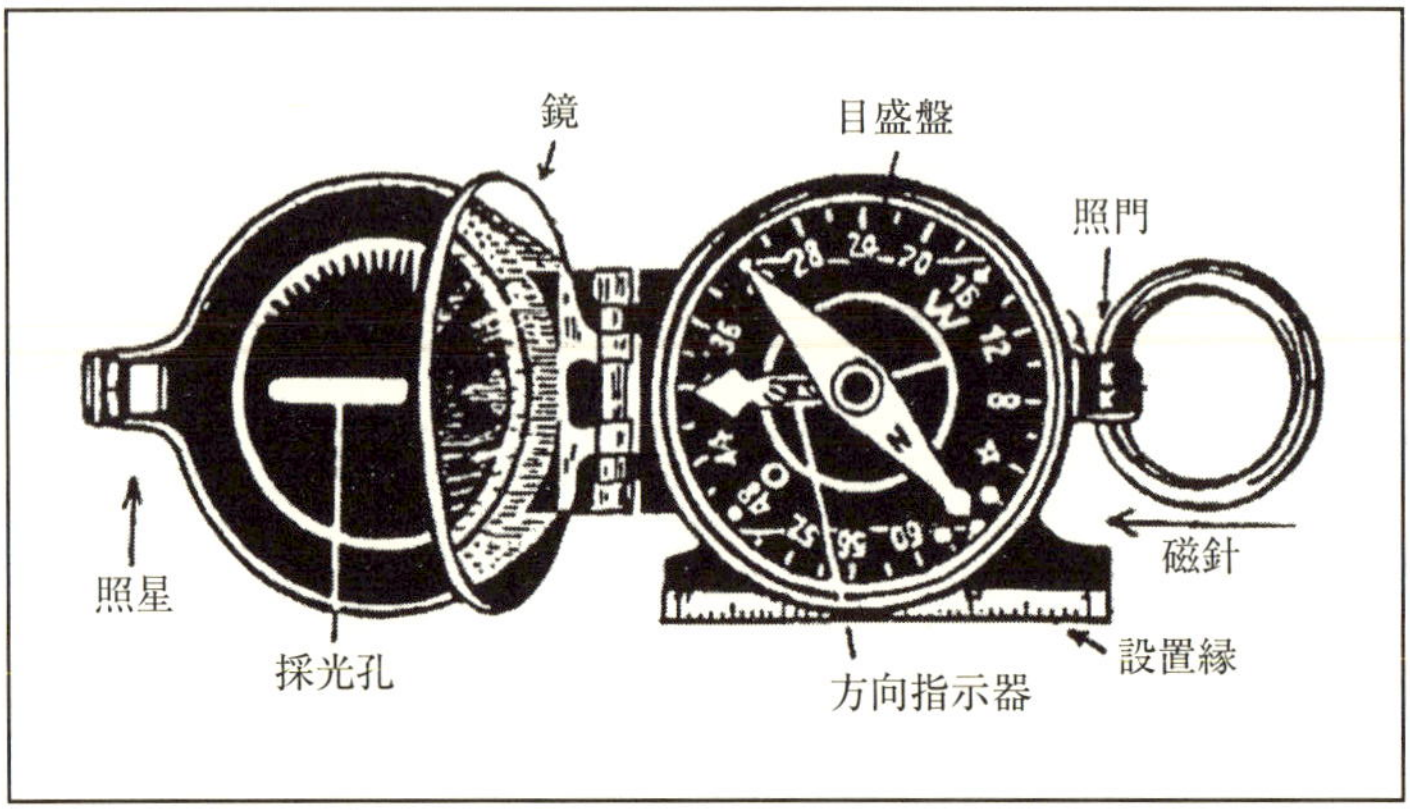

図１　行軍コンパス

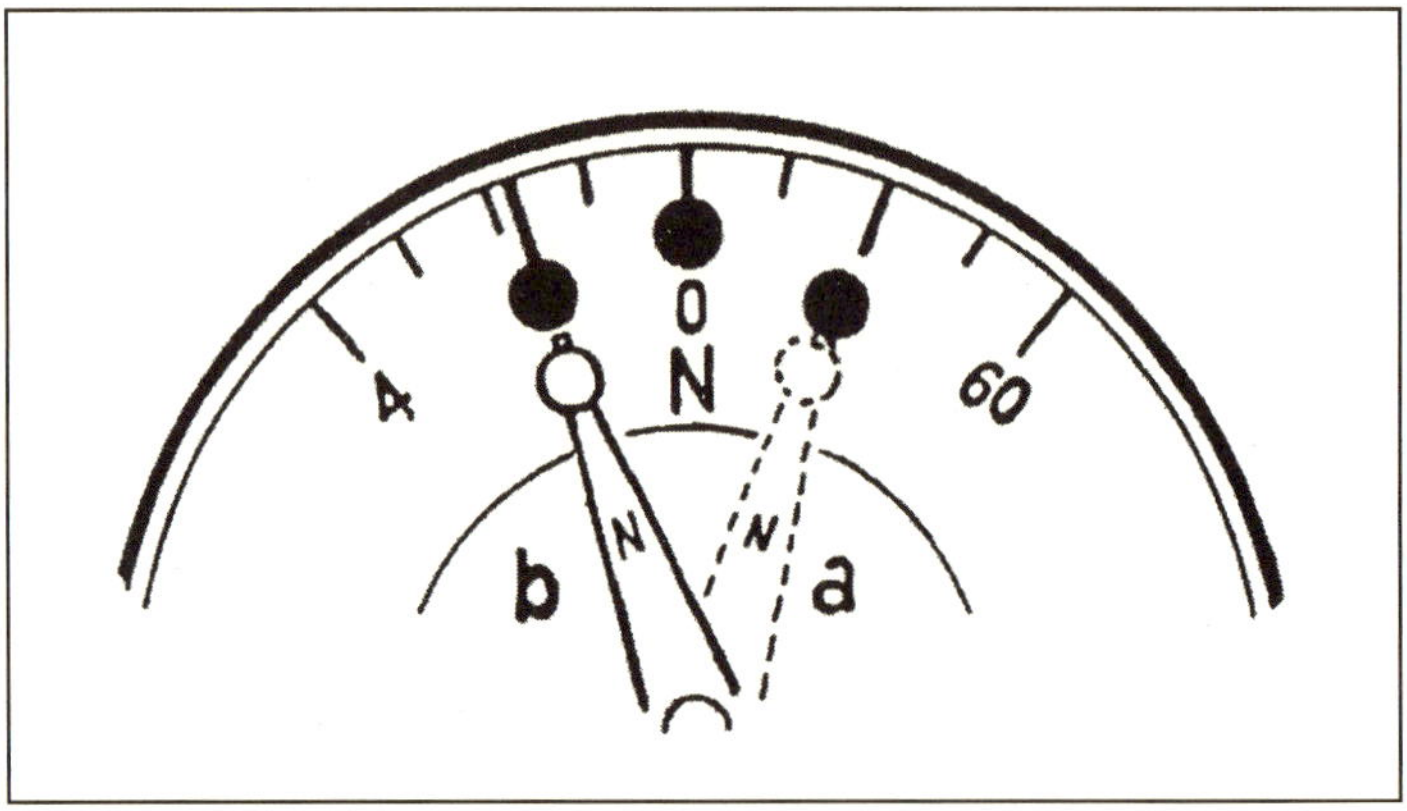

図２　東方・西方偏差（磁針は、ａでは東方偏差、ｂでは西方偏差のためにずれている）。

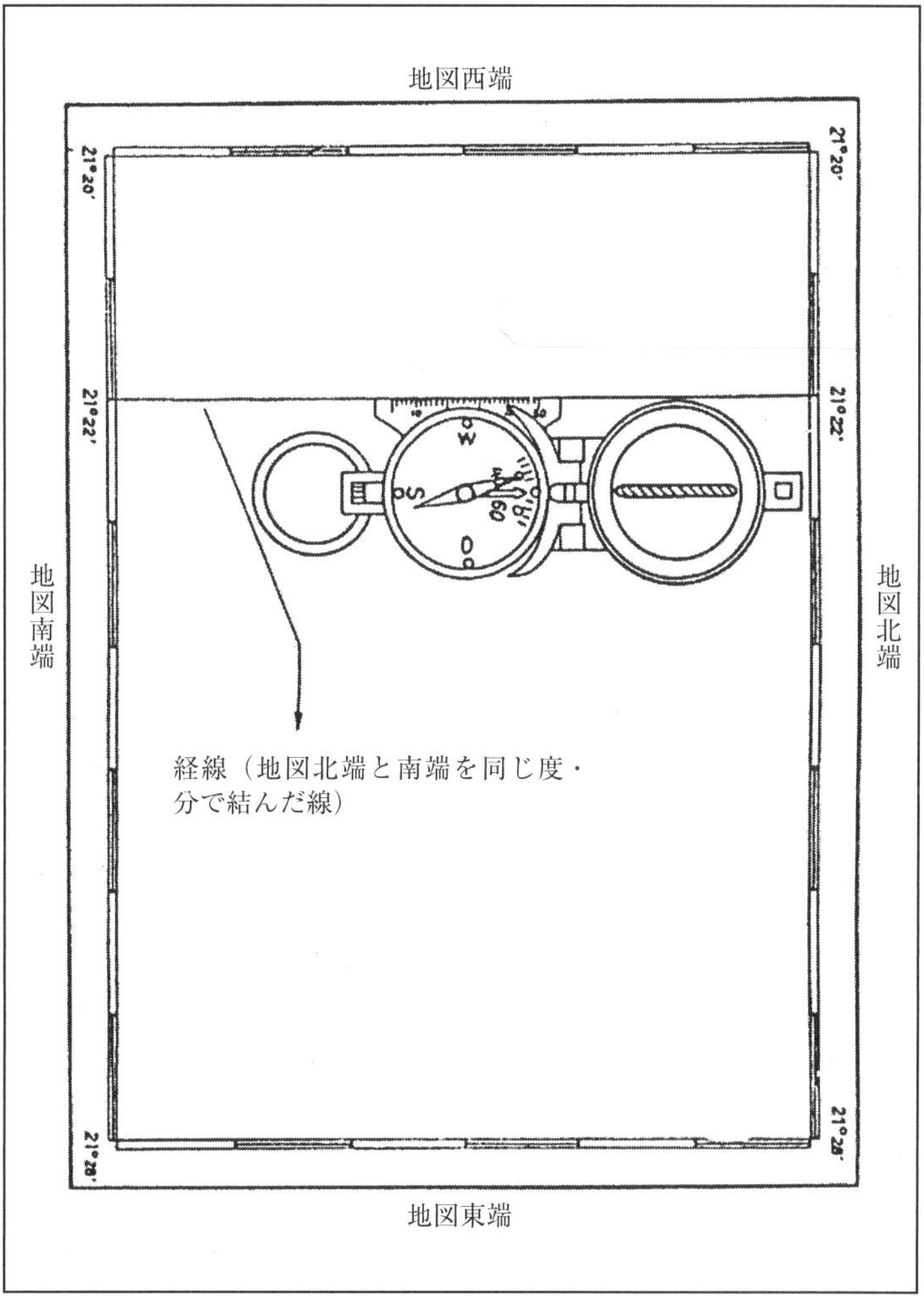

図３　経線を使って、完全な地図を合わせる（磁針は西方偏差のためにずれている）。

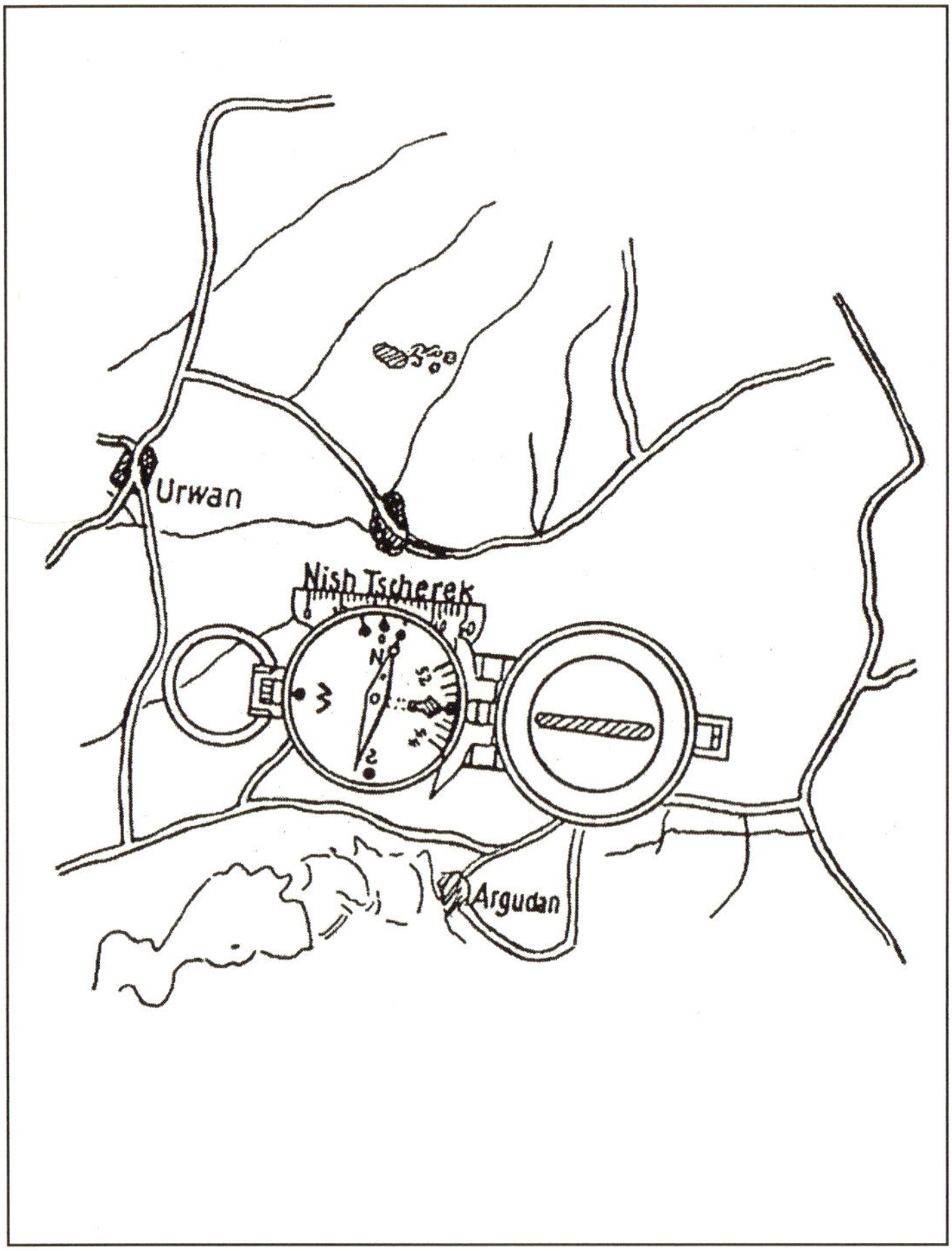

図４　地名表記に設置縁を当てて、地図と方位を合わせる（磁針は東方偏差のためにずれている）。

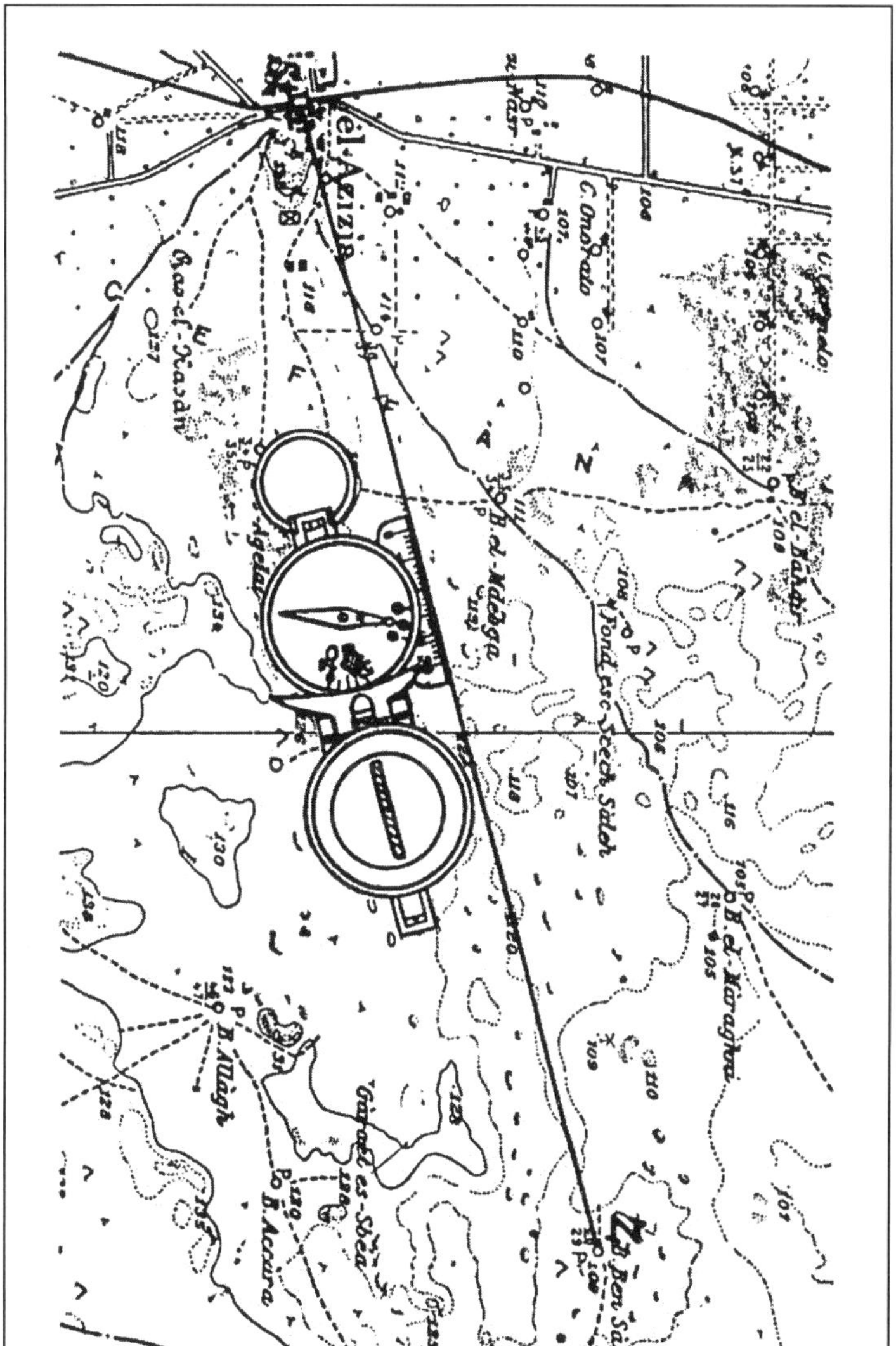

図５　地図により、行軍方向を確定する（「コンパス方位五十一度）。

「北」の表示を互いに合わせる。

行軍コンパスの設置縁を経線（経線は、地図北端と南端を同じ度・分で結んだ線として表されている）に合わせ、方向指示器が地図の北端を指すようにする（図3）。行軍コンパスを置いた地図を、磁針と偏差が重なる（たとえばゼロ。右図をみよ）まで回すこと。

(b) 欄端表示のない、断片的な地図のみを使う場合。目盛盤を回し、方向指示器と「O」（東）の表示を互いに合わせる。

設置縁は、どこかの地名に合わせ（地名は西から東に向けたかたちで表記されている）、その地名表記の一行と設置縁が重なるように、方向指示器が地図の東端を指すようにすること（図4）。

行軍コンパスを置いた地図を、磁針と偏差が重なる（たとえばゼロ。右図をみよ）まで回すこと。

地図による行軍方向の確定

地図上で、自体の現在位置（St）〔Standpunktの略〕から目標（Z）〔Zielの略〕まで補助線を引く（エル・アジージア〔El Azizia〕駅―ビル・ベン・サード〔Bir Ben Saad〕）。地図を北に向けて置く（一七九頁をみよ）。そこで、行軍コンパスの設置縁を補助線に合わせ、方向指示器が行軍方向を示すようにする（図5）。

行軍コンパスを固定し、目盛盤を回して、磁針がゼロを指すようにすること（この実例では、イタリア領北アフリカのものを取ってきたので、偏差を考慮する必要はない（一七九頁参照））。方向指示器により、コンパスに表示された角度を読み取り（「この場合は」五十一度）、「コンパス方位五十一度」と、方向を指示すべし。

視認可能な行軍方向表示点にコンパス方位を合わせる

蓋を開け、鏡を斜めに立てる。それによって、鏡面に映った磁針をよく見ることができる。鏡の隙間を通して、照門と照星を正確に行軍方向の地点に合わせる（行軍コンパスを手で支えるときは、親指の第一関節をリングに入れ、人差し指をコンパスケースの蓋の下に当てること）。眼で照準線を固定し、空いている手で、磁針がゼロを指すまで目盛盤を回す。鏡を見て、方向指示器により、コンパスに表示された角度を読み取り（たとえば、三十六度）、「コンパス方位三十六度」と方向を指示すべし。

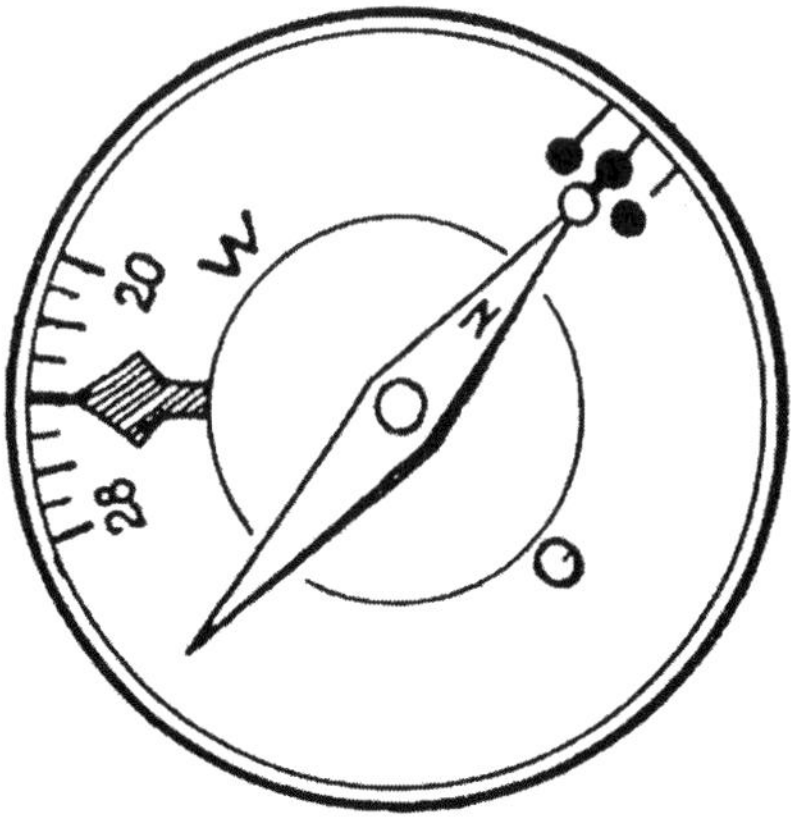

図6
コンパス方向を二十四度に合わせた行軍コンパス（数字の24は、方向指示器で隠れている）。

命令されたコンパス方位への行軍（図6）

以下、実例。

―「コンパス方位二十四度」と命じる。

―方向指示器が二十四度を指すまで、目盛盤を回す。

―磁針がゼロを指すようにする（命令により、東、もしくは西に偏差を合わせる）。

―これで、方向指示器が、命令された行軍方向を指すようになる。

―中間地点を取る場合には、中間地点に照門と照星を合わせ（やり方は右記の通り）、当該の地に行軍する。中間地点で、あらためて行軍方向を確認すること。

付録二b　砂漠・ステップにおける行軍コンパスの使用実例A

ケースA　任務

自動車化斥候隊（もしくはトラックや大隊）が、出発点Aから、BおよびC地点を経由して、目標点Zに行軍することとなった（AとZのあいだに通過不能な地区があること、包囲の企図等の理由から、こうしたことがあり得る）。

斥候隊の指揮官には、つぎのごとく、命令が下達される。

—A−B区間。コンパス目盛二十二度、距離六十キロ。
—B−C区間。コンパス目盛三十一度、距離三十七キロ。
—C−Z区間。コンパス目盛四十六度、距離四十五キロ。

もし、目印となるような自然の地形的特徴、もしくは、人工の目印があれば、たとえば、以下のように付記してやる。

(a)（A−四十キロを経たa地点）炎上したトラックの残骸。

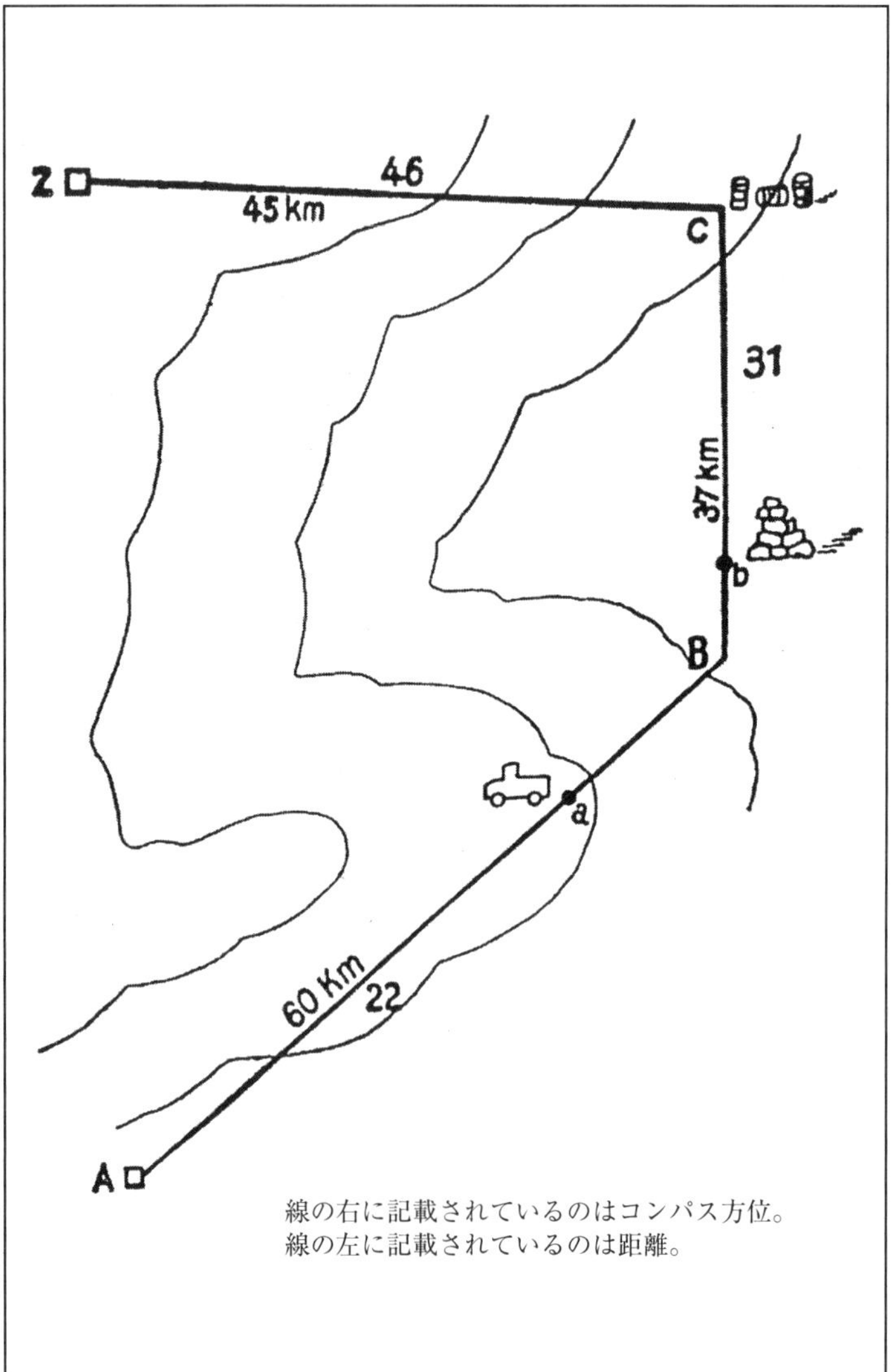

砂漠・ステップにおける行軍コンパスの使用。

(b)〔B－八キロを経たb地点〕ケルン。

(c) 空の燃料用ドラム缶三個。

斥候隊が、徒歩兵か、騎馬より成っている場合、キロの代わりに、〔時間の〕分数《ふんすう》や歩数〔両足を動かすごとに一歩と数える〕で距離を指示してやることもできる。

付録二c　砂漠・ステップにおける行軍コンパスの使用実例B

ケースB　任務

斥候隊が、Aから、B（二十キロ、コンパス目盛四十一度）、C（十五キロ、コンパス目盛三十二度）を経由して、Z（十八キロ、コンパス目盛五十度）に行軍することになった。

実行

斥候隊は、D地点（A－D区間＝九キロ）において、敵の妨害を受け、道を変えることを余儀なくされた。塩湖があるため、左折は不可能だったから、右に折れた。同斥候隊は、あらたな行軍方向にコンパス目盛を合わせ（三十一度）、台地の背後を通って、E地点まで進んだ。ここで、台地による掩護は途絶える。D－E間の距離は三十五キロと確認された。

略図への書き込みと同図による整理に従い、E－Z区間のコンパス目盛は五十四度と確認される。さらに、正確な縮尺の略図によって、E－Z区間の距離は二十八キロであることが読み取られた。

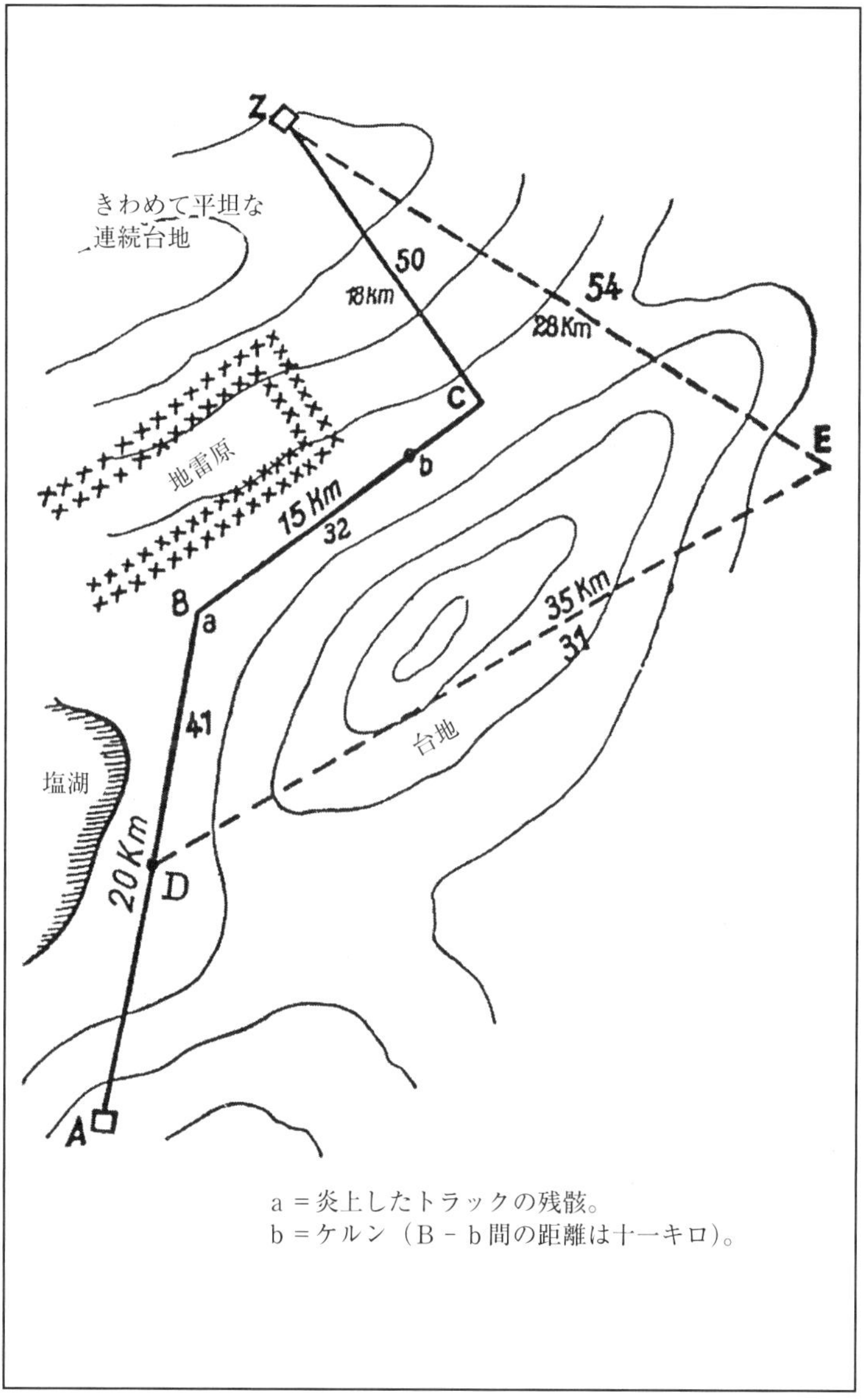

a ＝炎上したトラックの残骸。
b ＝ケルン（B － b 間の距離は十一キロ）。

砂漠・ステップにおける行軍コンパスの使用。

従って、捜索隊がE地点よりコンパス目盛五十四度に進めば、二十八キロの行軍ののちに、Z地点に到着することは間違いない。

付録二d　砂漠・ステップにおける行軍コンパスの使用実例C

ケースC　任務

一両の自動車が、月の明るい夜に、AからZに行軍することになった。ドイツ製の十万分の一リビア地図、エル・アジージア図第一四七四号（一九四一年二月の状態）が利用できる（この地図は正確でない可能性があるものと仮定する）。

地図を利用した車行準備

最短の道は、AからZまでをまっすぐに結んだ線となろう。が、地勢に則して、よりよい方向測定を得るため、いくつかの方位測定点を地図上に記したかたちで（一九二、一九三頁の縮小した地図の一部をみよ）、行軍路が指示された。これによって、行軍コンパス目盛を見る時間が節約され、走行距離計（キロ）を確認するだけで済ませることができる。

地図から、以下の数字が読み取れる。

A－B区間　コンパス方位三度　距離五・〇キロ。

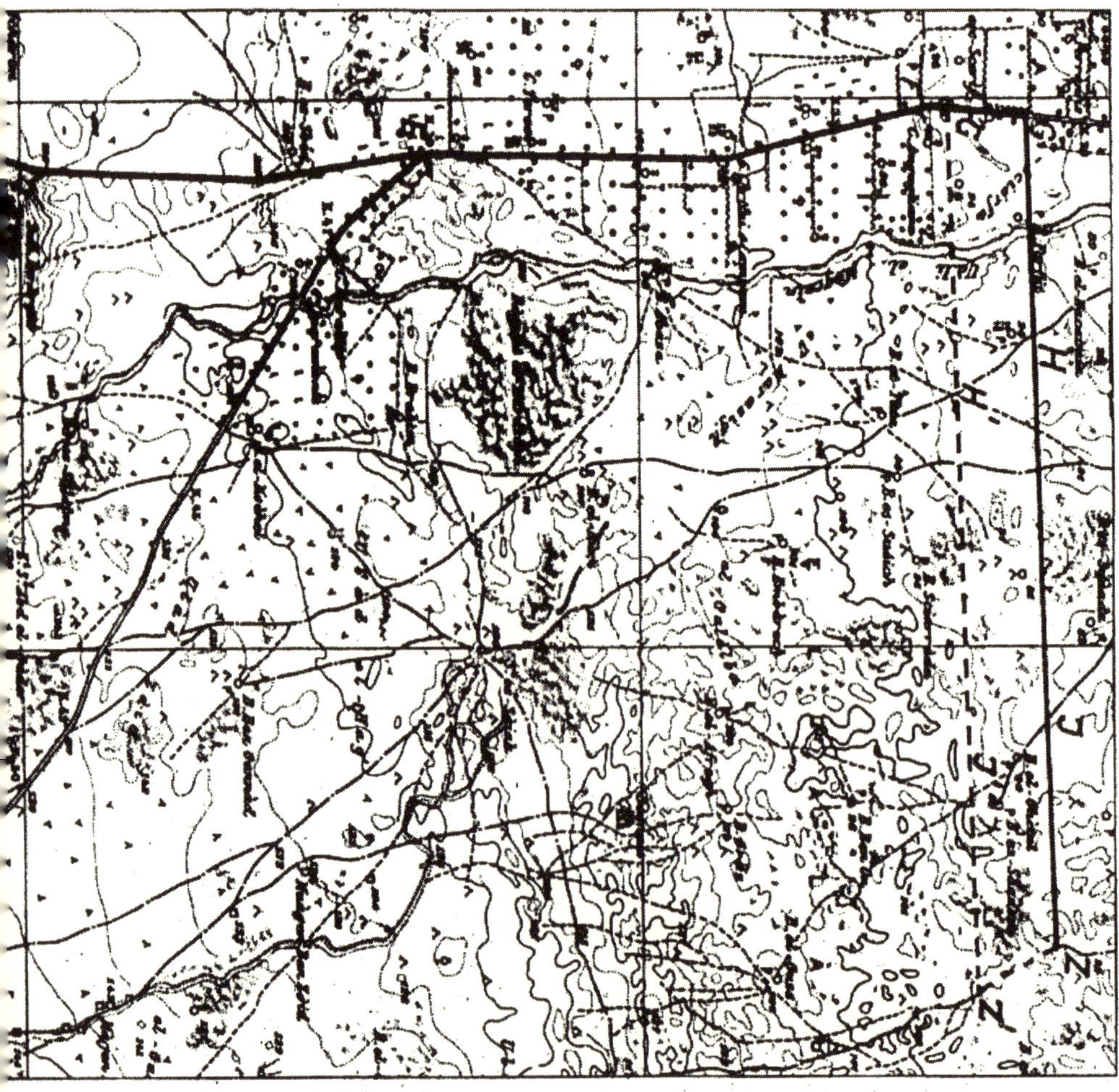

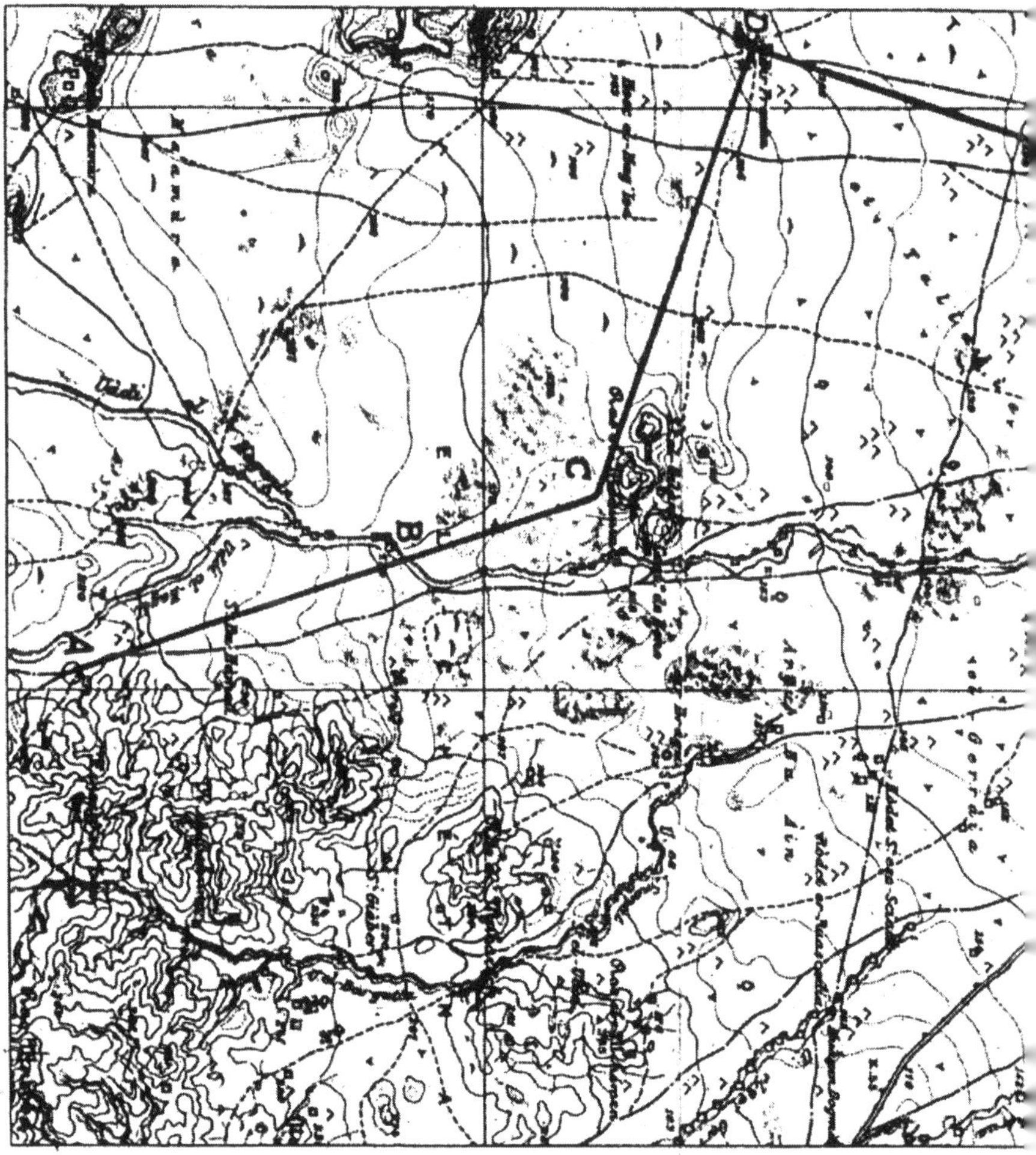

十万分の一縮尺の地図の一部。さらに縮小してある。

B－C区間　コンパス方位三度　距離二・八キロ。
C－D区間　コンパス方位十二度　距離六・五キロ。
D－E区間　コンパス方位なし　距離十二・〇キロ。
E－F区間*　コンパス方位なし　距離七・四キロ。
F－G区間　コンパス方位なし　距離一・六キロ。
G－H区間　コンパス方位四十八度　距離三・二キロ。
H－I区間　コンパス方位四十八度　距離五・五キロ。
I－Z区間　コンパス方位四十八度　距離三・三キロ。

イタリア領北アフリカの偏差は、付録二aに示したごとく、ゼロに等しい。

*垂線の足は、三角点の脇から、街道軸に沿ったものとする。

車行の実行

自動車が、A－B方向、コンパス方位三度に向けて、出発する。道のない地形によって、ときに進行方向からそれることがあるが、方位を示す地点は、ラス・エス・ムダウナー

〔Rases Mdauner〕の連丘になる。走行距離計（キロ）は、A－B間の距離は五・五キロであると表示した。（地図上で）測った距離五キロとの差異は、道なき丘陵地を通ったため、所定の方角より脇にそれたことから生じている。こうした食い違いを算定し、表示された走行距離から引かなければならない。D－E区間においては、道路が確認されている。が、確実を期すため、D－E区間も、付録三（「道路に関する応急措置」）に従い、コンパス方位と距離（キロ単位の走行距離計から読み取れる）によって確認すべし。同じことは、E－F、F－G区間にも当てはまる。この場合、道路から離れても、中間出発点Gを見失わないよう、走行距離は絶対に確認しておくこと（つまり、F点脇の道路上の三角点を発見できないことがあり得るからである。そうなれば、E－G間の距離についての確実な認識が失われ、G点の測定は、ただ走行距離表示からのみ可能ということになる）。GからZへ、指示されたコンパス方位四十八度で進むと、三・二キロではなく、四・一キロ走ったのちに、H点の小道に達する。さらに、五・五キロではなく、五・八キロ車行したのちに、I点の第二の小道に到着する。全部で十二キロ、G－Zの距離に即して走ると、Z点にあるはずの第三の小道に着くはずであるが、いまだ発見できない。十二・七キロ走ったのちに、ようやく、その小道に到達した。地図と引き比べてみると、踏破してきた道が、より南に位置していたことがわかった。地図上で測定されたのとは、別の間隔で小道上に達していたからである。この自動車の現在位置を確定するためには、コンパス方位を利用した上で、走行距離を読み取り、地図上の当該小道の位置と一致するかどうかを確認する。そこで、地図上のGダッシュ、Hダッシュ、Iダッシュ、Zダッシュの位置が判明する。Zに達するためには、地図上でZ－Zダッシュ区間のコンパス方位と距離を読み取ること。

ZからZダッシュ地点へのずれをもたらした、Gダッシュ－G間の距離のちがいは、とくに以下のことを理由として、生じたものと思われる。

—不正確な地図の読み取り。

—走行距離計（キロ）が正確でなかった。

—車輪が砂中で空回りした。

—わずかながらでも迂回したことや走行方向からそれたこと。

付録二e　砂漠・ステップにおける行軍コンパスの使用実例D

ケースD　状況

ある団隊が、突進線A－Zに沿って攻撃する（A＝12とする）。報告は、縮尺二十万分の一の地図による。突進線のコンパス方位は四十七度。

経過

砲兵観測員が、B地点（Aより七センチ、従って、19と表示される）より、P地点にある目標を観測している。P地点から、突進線上のA地点までの直線距離は二キロと観測された。B－A間の距離は三キロである。よって、二十万分の一図では、P－A＝一センチ、B－A＝一・五センチとなる。

これに従い、観測員は、P＝「二十・五度、左一センチ」と報告した。

さらに前進するうちに、砲兵観測員は、C地点（Aより十一・六センチ）で、右折することを余儀なくされ、突進線に対して直角に（コンパス方位三十一度）、D地点まで、三・五キ

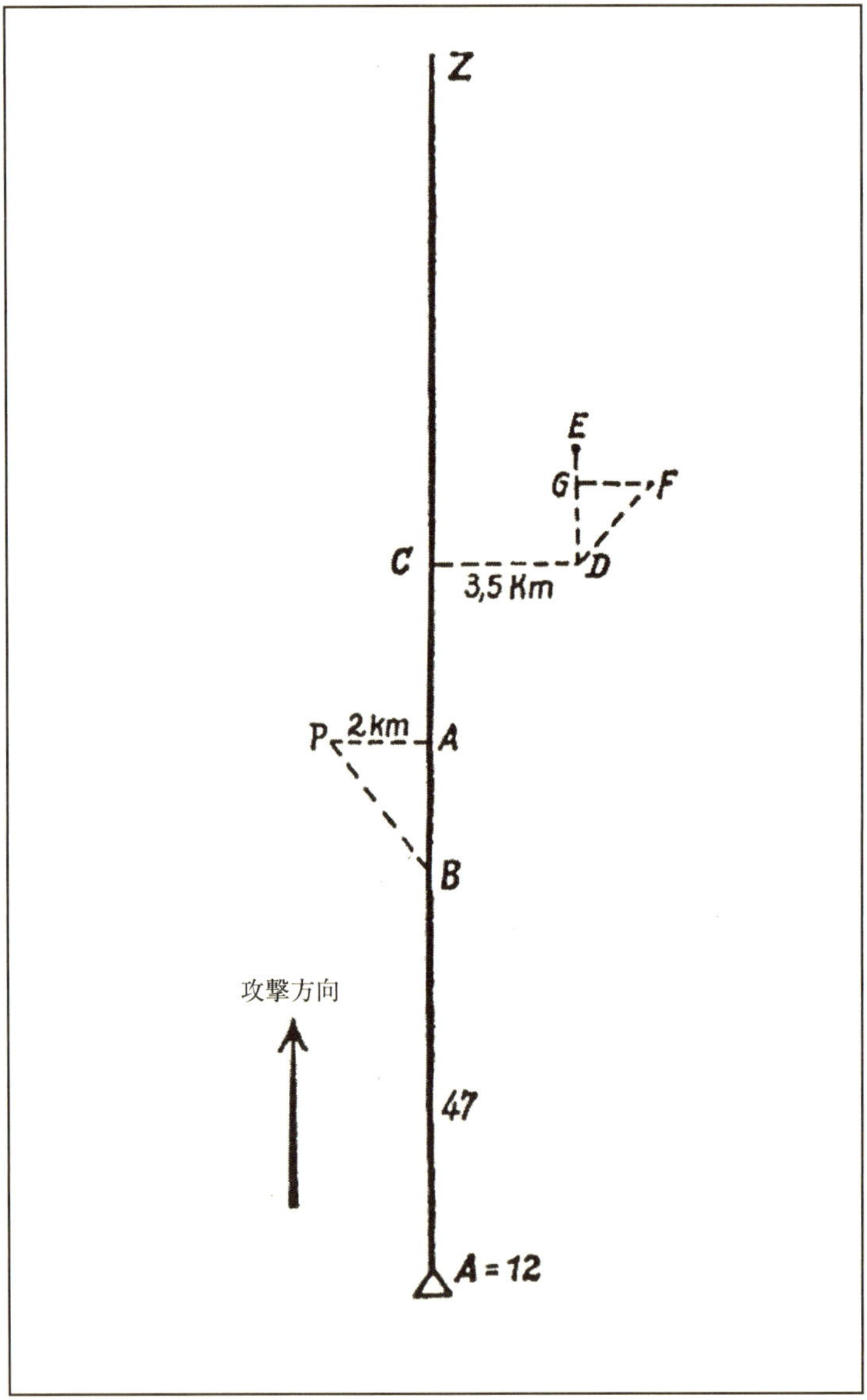

砂漠・ステップにおける行軍コンパスの使用。

ロ進んだ。従って、その現在位置は「二十三・六度、右一・七五センチ」となる。

そこからの観測結果は以下の通り。

—E地点に目標一在り。D–E間の推定距離は二・八キロ＝一・四センチとなった。E地点から突進線までの距離は、C–D間と同様であり、よって、E地点は「二十五度、右一・七五センチ」となる。

—F地点に目標一在り。FからD–E線までの推定直線距離は二キロ＝一センチ、D–G間の推定距離は一・八キロ＝〇・九センチとなった。よって、F地点は「二十五・九度、右二・七五センチ」となる。

正角図法による地図への記載（行軍コンパスを用いる）、あるいは、縮尺を正確に取った略図により、より高度な精密さが得られる。

付録三　道路に関する応急措置

Ⅰ. 技術的補助手段

—行軍コンパス。
—ミリ単位で目盛を切った定規（行軍コンパスの設置縁で充分である）。
—測量記録書（もしくは、報告カード綴）。
—パラフィン紙、もしくは方眼紙。
—時計（もしくは、キロ単位走行距離計内蔵のものを用いる）。

Ⅱ. 手順

道路の応急測量は、縮尺にこだわらない概略図を描くことにより、行軍中にも実行される。それらは、必要な場合には、行軍後、もしくは行軍中の小休止において、正確な縮尺に合わせて修正されるのである。道路測量は、可能なかぎり、位置が明瞭な地点、もしくは、天文測量隊が定めた地点より開始し、また、そうした地点で終了すべし。

行軍中、行軍コンパスを用い、最大限の正確さを以て、方向を測定すること。その際、偏差は顧慮されない。徒歩行軍の場合は時計と行軍速度によって、自動車行軍の場合は走行距離計（キロ）によって、距離が測られる。従って、時計にもとづき、距離を測る場合には、小休止の時間に注意すべし。徒歩行軍の測量にかかる前に、一定区間を踏破する行軍速度を確認しておく。

道路概略図は、可能なかぎり、実際に即して、明快・明瞭に描くべし。道路概略図は、用紙の下端部から描きはじめる。標定した方向、時刻、行軍速度測定のための総走行距離等は、測量記録書に描いた縮尺なしの道路概略図に書き込む。原則として、測定した磁針方向は道路の右、時刻や総走行距離は道路の左に記入すること。

行軍中、道の両側にある地形を地形線で描き、植生や地勢上の特性を註記すること。重要な中間点については、時刻や総走行距離を付すべし。

路傍の特徴がある地点については、コンパスで方位を測定し、距離を推算する。多くの場所で、そうした特徴ある地点を目印にすることができれば、実情に即した描き込みや註記を地図にほどこし、修正することが可能になる。

縮尺に合わせた修正は、測量記録書に地形の概略を書き込んだのち、パラフィン紙や方

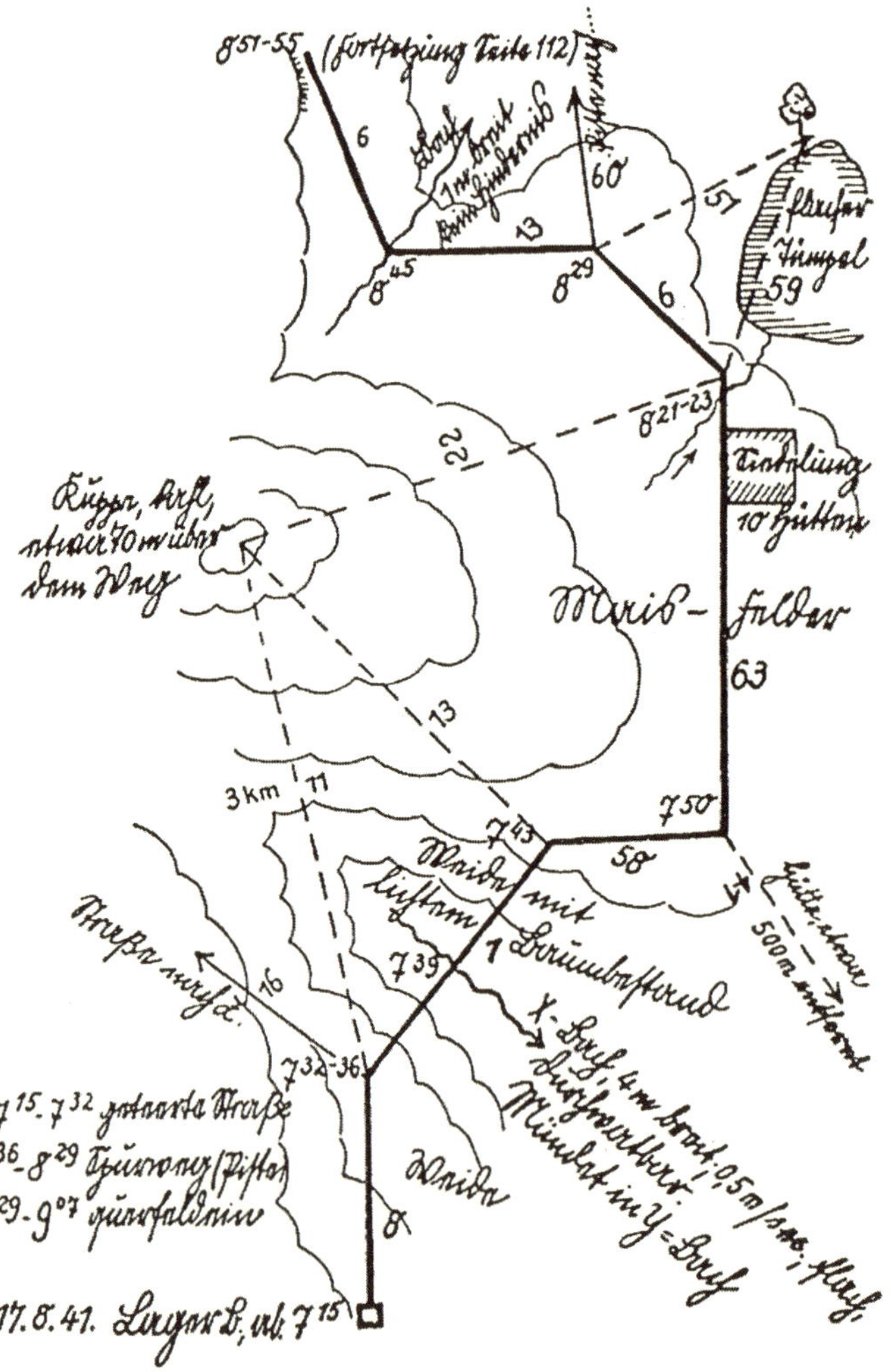

実例1。徒歩、もしくは騎馬行軍中に測量記録書に記載する（次頁に続く）。

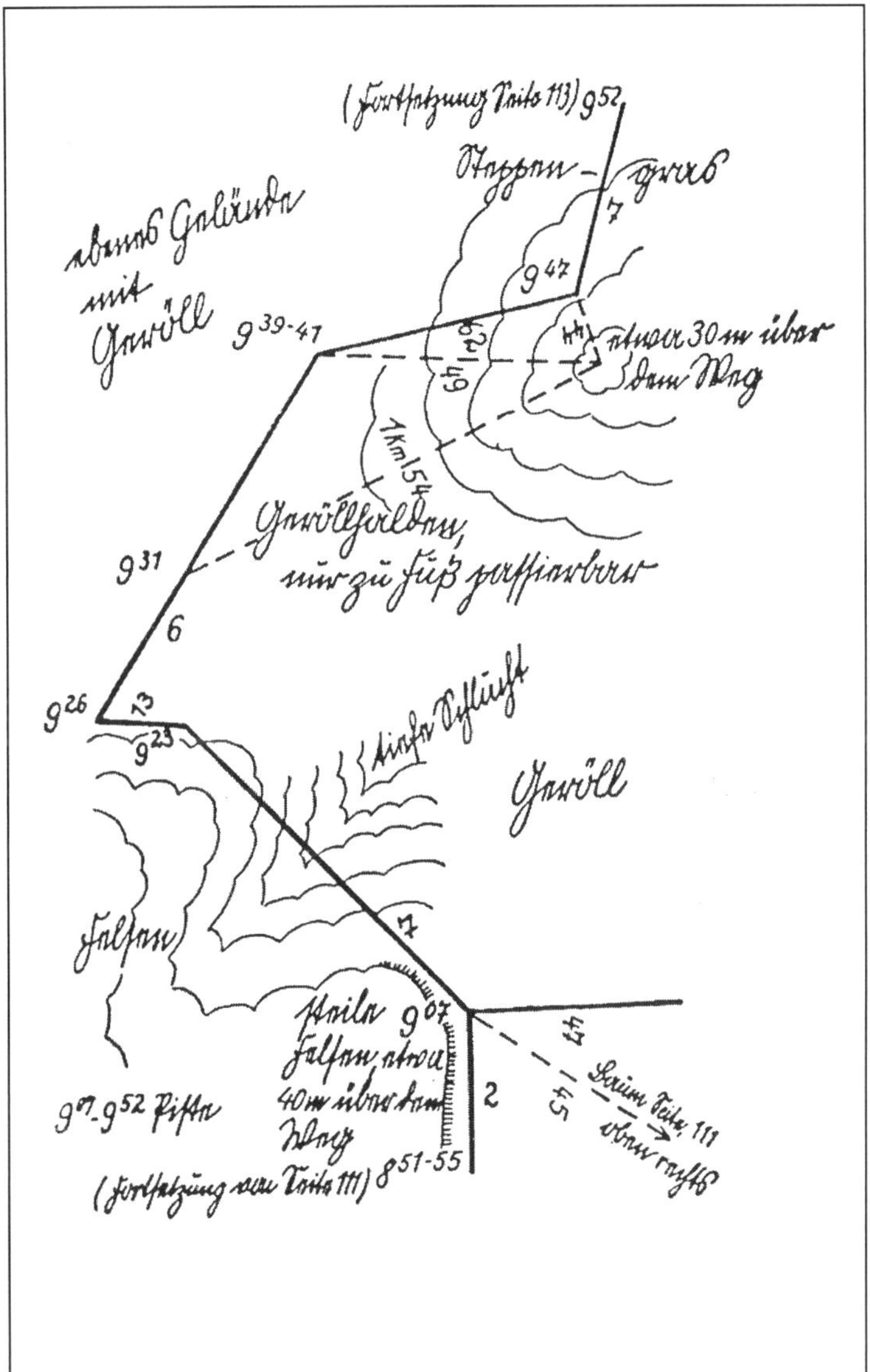
(Fortsetzung Seite 113) 9⁵²
ebenes Gelände mit Geröll
9 39-47
9 47
7
etwa 30 m über dem Weg
1 Km 54
Geröllhalden, nur zu Fuß passierbar
9 31
6
9 26
13
9 23
tiefe Schlucht
Geröll
Felsen
7
steile Felsen etwa 40 m über dem Weg
9 07
2
47
45
9⁰⁷-9⁵² Piste
(Fortsetzung von Seite 111) 8 51-55

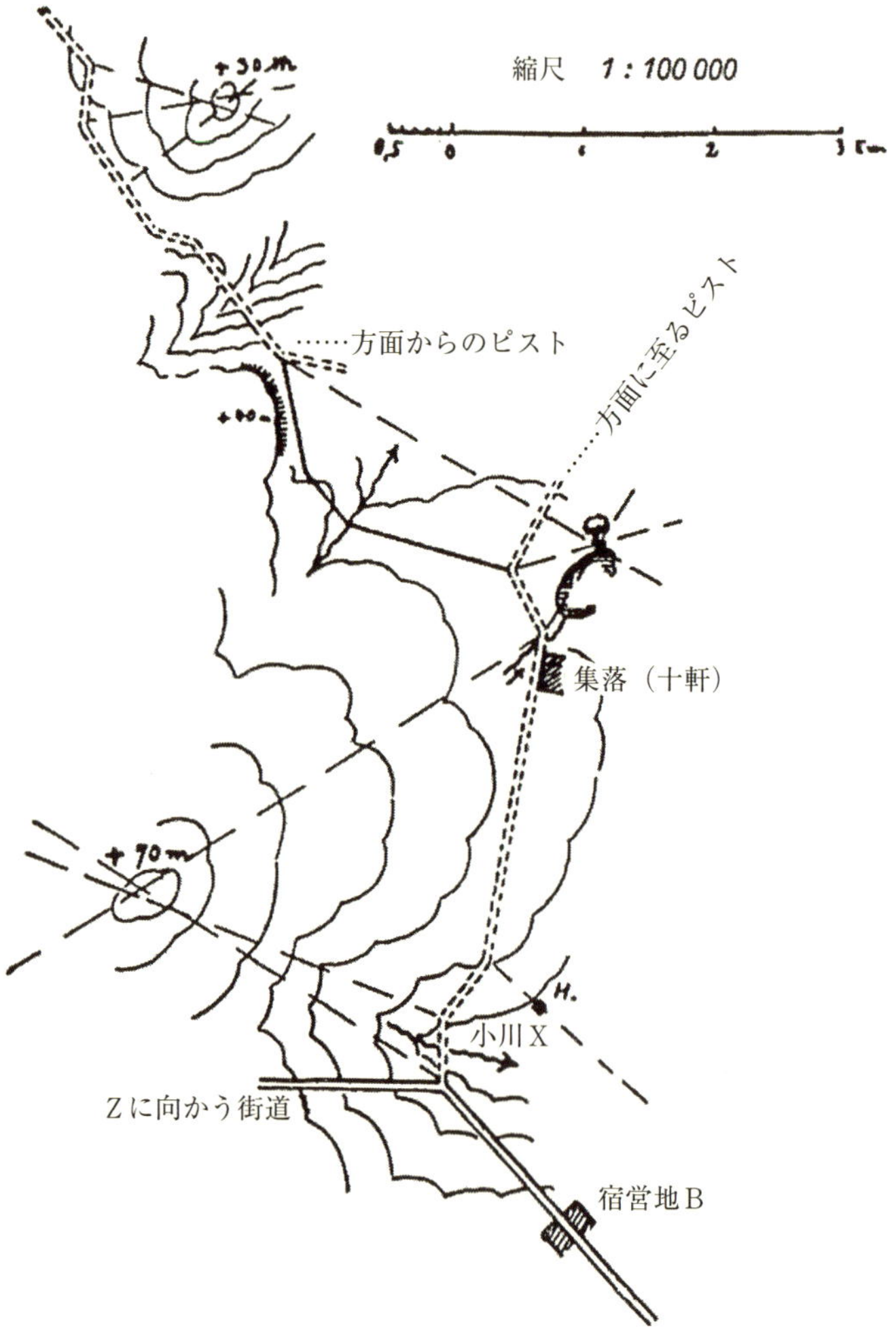

実例１の修正。より良い概観を得るために、十万分の一縮尺の地図を選ぶ。破線（測定線）は、完成後に抹消する。

眼紙を使って行う。修正に際して用いる縮尺は、行軍経路の長さと使用目的によって、使い分ける。通常、徒歩行軍の修正には、五万分の一ないし十万分の一の縮尺が用いられる。長距離の自動車行軍については、より小さな縮尺が推奨される。今後の行軍に利用するためだけならば、修正は最低限必要な描き込みだけにとどめることができる。一方、地図の修正に用いることが予定されている作業については、可能なかぎり、地形の細目も書き込むべし。あらゆる作業において、「磁針上の北」方向を、日付けとともに付記しておくこと。また、作業に際しては、コンパスの設置縁を出発点に当て、磁針が測定された方向目盛を指すようにする。コンパス〔これは製図器具のコンパス〕を使い、設置縁に沿って引いた線に、縮尺を合わせて、最初の道路区間を区切っていく。ついで、最初の道路区間の終点から、同様のやり方で、つぎの方向と距離を記すること。

作業中、妨げとなる鉄製品を磁石の近くに置くことは許されない。こうして描かれた道路区間に、測量記録書に記された地形線のスケッチ、斜面、水流、集落その他の細目を示す、あらかじめ書き取っておいた地図記号に従って、修正を加える。余分な補助線は消すべし。縮尺を付された、必要充分で明快な描き込みにこそ、特別な価値がある。

作業手順の詳細は、以下の実例から学ぶべし。

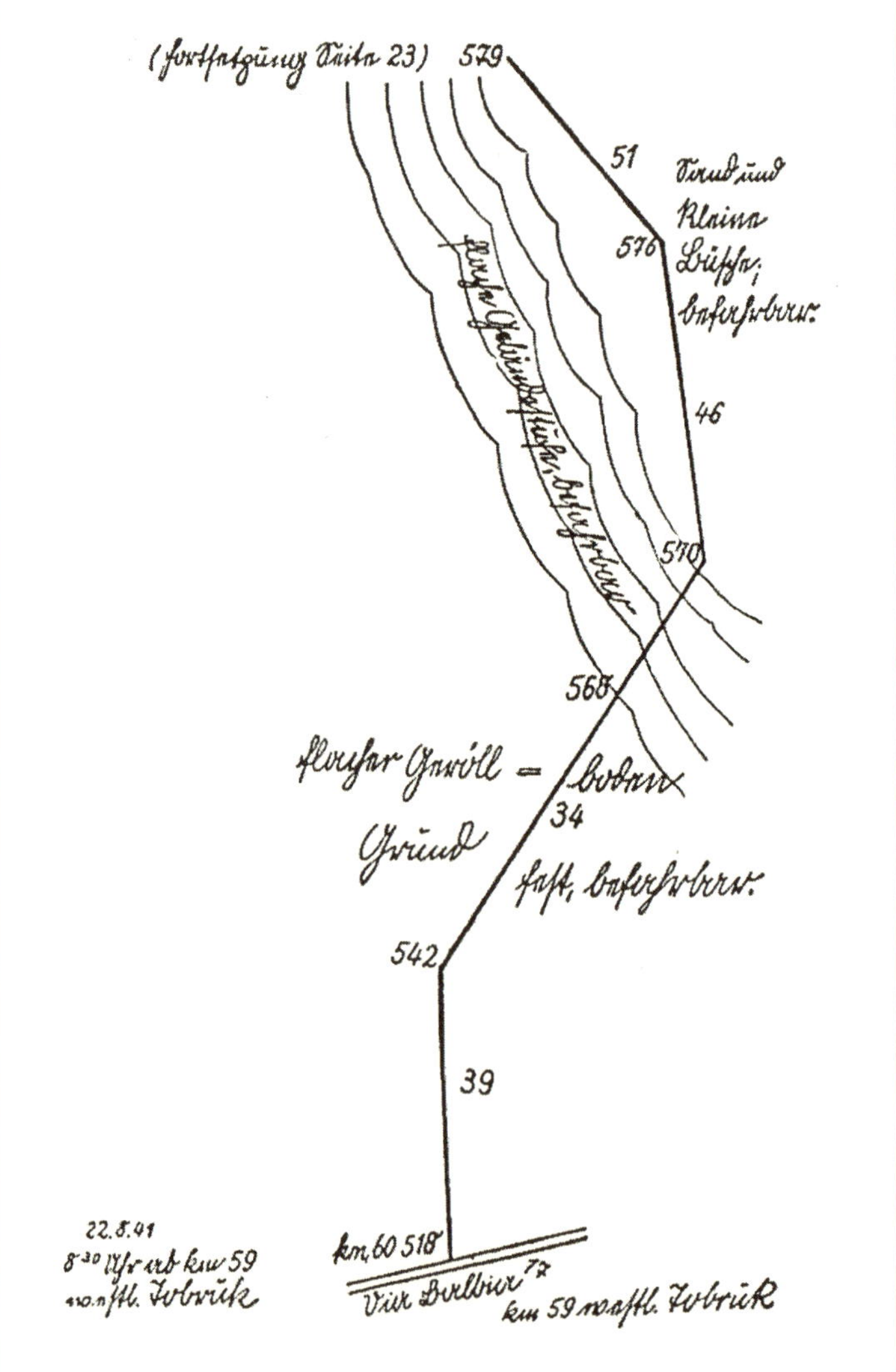

実例２。徒歩、自動車行軍中に測量記録書に記載する（次頁に続く）。

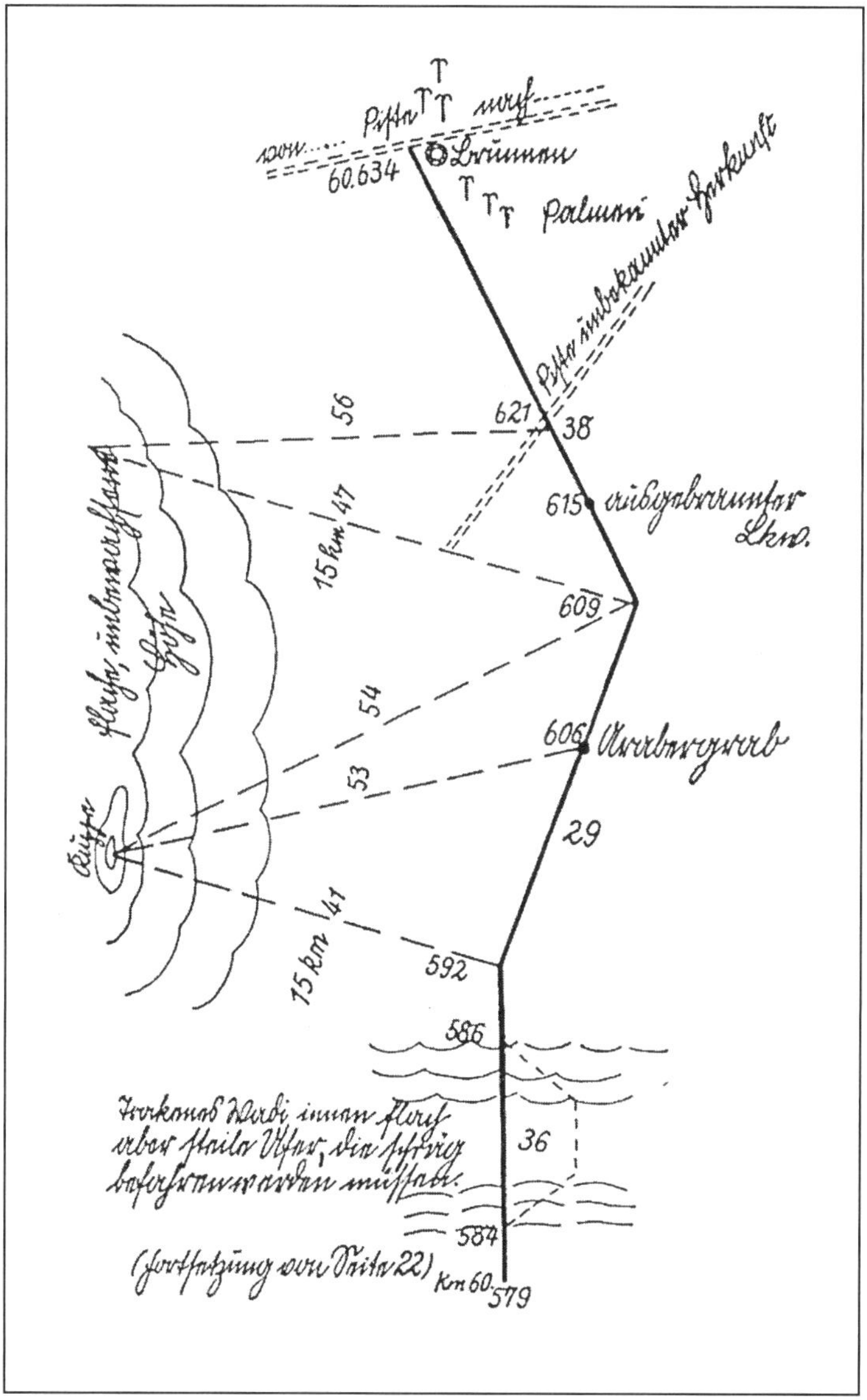
60.634
621
38
56
615
47
15 km
609
54
606
53
29
41
15 km
592
586
36
584
Km 60
579

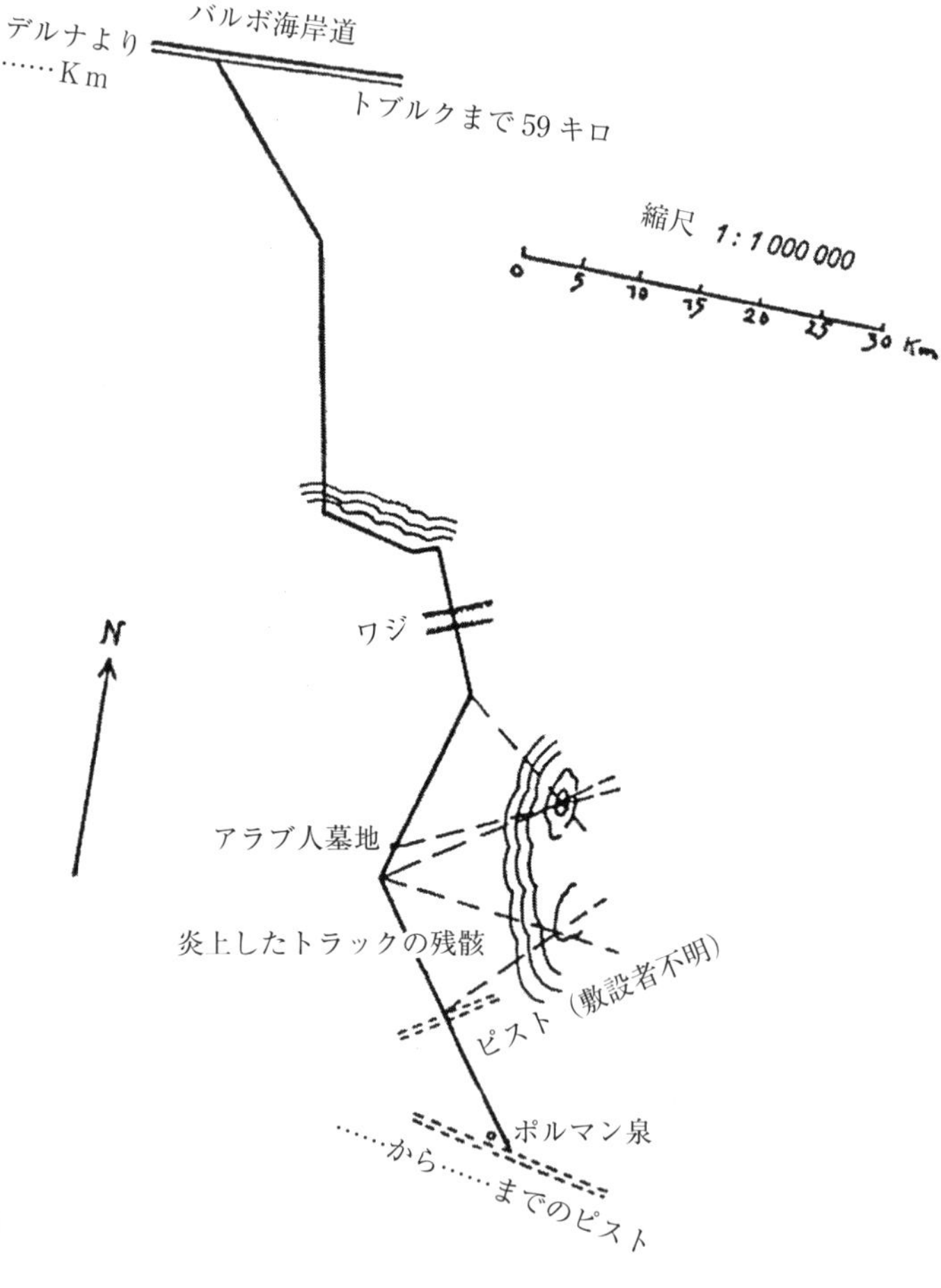

実例2の修正。縮尺十万分の一の地図。破線（測定線）は、完成後に抹消する。

付録四　砂漠・ステップ戦における天文測量隊の運用

天文測量隊（天文隊）は、以下の任務を有する。

行軍中

—定められた行軍方向（突進線）が維持されているか、確認する。

—天文観測によって、〇・五ないし一キロの誤差以内で、現在位置を標定する（緯度経度による）。

戦闘中

—砲兵に方向を指示する。

—現場の経緯線において、方向を測定する。

—現場の経緯線図をまとめるための基本測量を行う。

—天文観測によって、〇・五ないし一キロの誤差以内で、現在位置を標定する（緯度経度による)。

後方地域において

――可能なかぎり多数の方向指示点と、地形上特徴となる点を定め、地図に書き込む。

磁石上の方向、偏差(磁針の偏差)とそれによる変更、磁石機器の点検は、磁石測量隊の任務である。

天文測量隊の運用と作業方法は、以下の三つの実例により、説明する。

実例一。ある団隊が、百キロの行軍ののち、日没頃に大休止に入った。敵の妨害や困難な地形のため、多数の方向転換を行ったから、コンパスと走行距離計(キロ)による作業はできなかった。

依拠できるような地図はなく、航空写真も入手不能である。そこで、天文測量隊が投入され、およそ一時間ののちに、休憩中の場所の現在位置を、当該団隊の指揮官に緯度経度で報告した。たとえば、「東経三十四度十五分〇秒、北緯二十九度四十四分七秒、誤差範囲およそ一千メートル内」といった具合である。この現在位置を、直属上官の指揮所に無線で報告する場合には、本指標を暗号化すべし。

実例二。状況。ある団隊が、突進線A－Zに沿って行軍している。位置報告は、四十万分の一縮尺の地図により（詳しくは第三章に示した。実例は付録二dをみよ）、突進線のコンパス方位は十七度である（実例2の略図をみよ）。

経過。午前五時出発。午前十時ごろ、給油のために三十分小休止。コンパスと走行距離計（キロ）によれば、この団隊はB地点にいることになるが、距離による指標は確実ではない。

天文測量隊が投入され、およそ二十分後、太陽の観測により、〔三角測量の〕基線L_1－L_2を得た。すなわち、団隊は、この線上のどこか、おそらくはP地点にいることになる。走行距離計（キロ）が示すよりも、すでに十キロほどよけいに行軍していたのである。さらに行軍を続けると、十二時半ごろ、敵と接触した。それによって停止させられているあいだに、測量隊は二番目の基線S_1－S_2を定めた。以後の行軍で踏破した区間は、走行距離計（キロ）とコンパスによって、充分測定できた。従って、二度目の小休止のため、最初の基線を（L_1）－（L_2）の線に移す。小休止する地点は、両方の基線が交差するR点となる。

実例三。任務。ある斥候隊が、A地点から出て、Z地点まで進むこととされた。地図には、

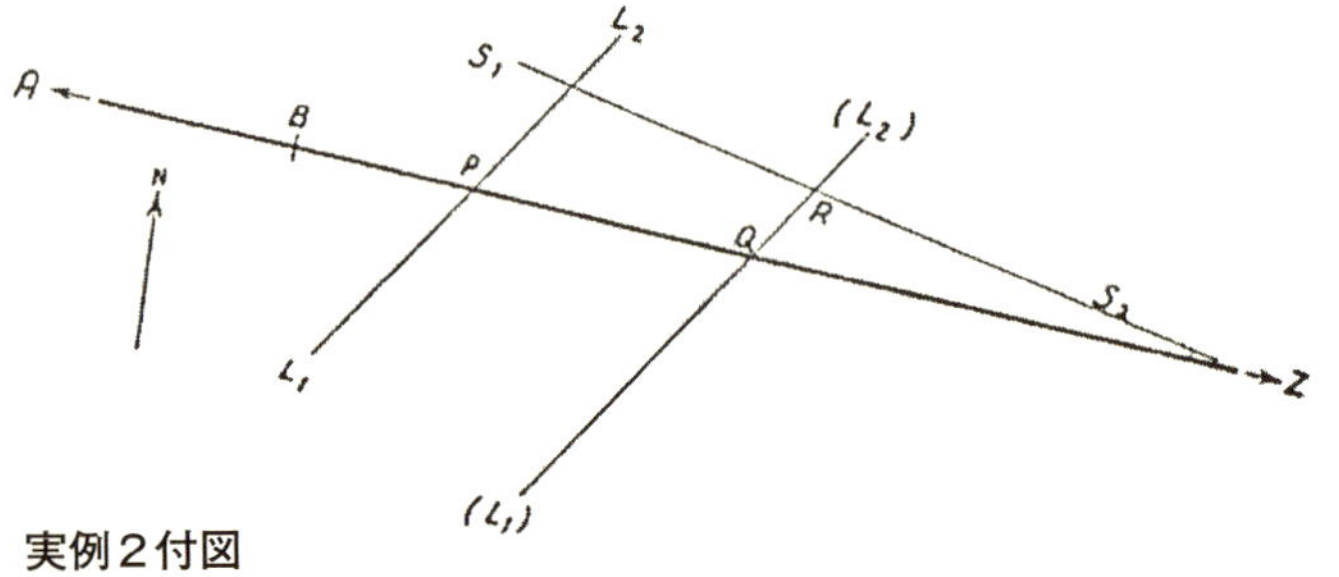

実例２付図

塩湖と移動砂丘が記されているが、当てにはならない（実例３の略図をみよ）。

経過。コンパスと走行距離計（キロ）の表示に従い、A－B線を行軍、午前七時ごろ、B地点に到着した。塩湖と砂丘は、まったく見られない。

十分間の小休止中、天文測量隊が太陽を観測し、以後の行軍中に測定値を判定、基線Iを得た。それによって、B地点ではなく、C地点で小休止していたことがわかった。従って、コンパスと走行距離計（キロ）による地図への記載の起点として、C地点を採用することになる。

その直後に、D地点で塩湖に達した。地図の表示は間違いで、ずっと北に延びていたのである。おおよそ、この塩湖の線に沿って、E地点に向かい、しかるのちにF地点に行軍する。

点線は、この日の観測でわかるかぎりの塩湖の状態を

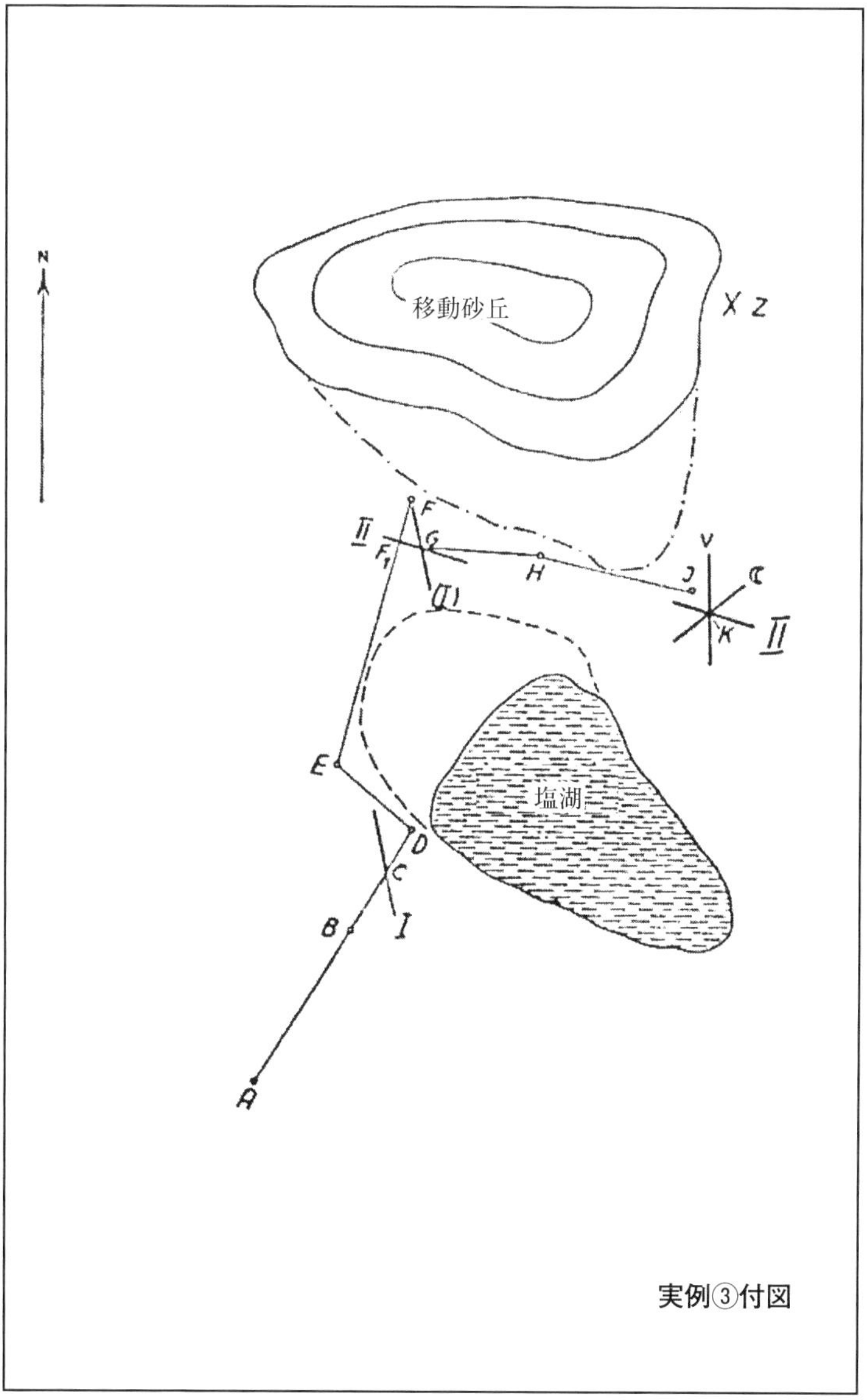

実例③付図

示している。

午後一時ごろ、F地点に到達。まず、コンパスと走行距離計（キロ）により、その位置を測定する。地図の示すところよりもずれていた砂丘地区の境界は、ほぼ判明、これは一点鎖線で示した。

給油のための小休止中に、天文隊は、太陽の位置から基線IIを定めた。この基線IIと行軍区間の交わる点F_1が、小休止を行っている現在地ということになる。最初の基線を現在位置に移してみるほうが、往々にして、よりよい結果が得られる。それにより、小休止中の現在地はG地点であることが判明した。ここからの行軍については、コンパスと走行距離計（キロ）に従い、H地点経由でJ地点に至る道を地図に記入する。J地点は、実際には、砂丘地区の南東端にあった。午後六時ごろ、同地点に到着、夜営に入る。

黄昏《たそがれ》となったが、まだ明るいうちに、天文隊が月と金星を観測し、適切な基線を得た。それによって、日中の太陽観測によって得た基線のずれが証明された。従って、斥候隊が夜営している地点はKである。かくて、翌日に行軍を続ける際のコンパス方位を指示することが可能になった。

付録五　ソーラー・コンパスの使用

図１

赤い数字と文字は、南緯で示される地域で用いる。黒い数字と文字は、赤道の北で用いる。

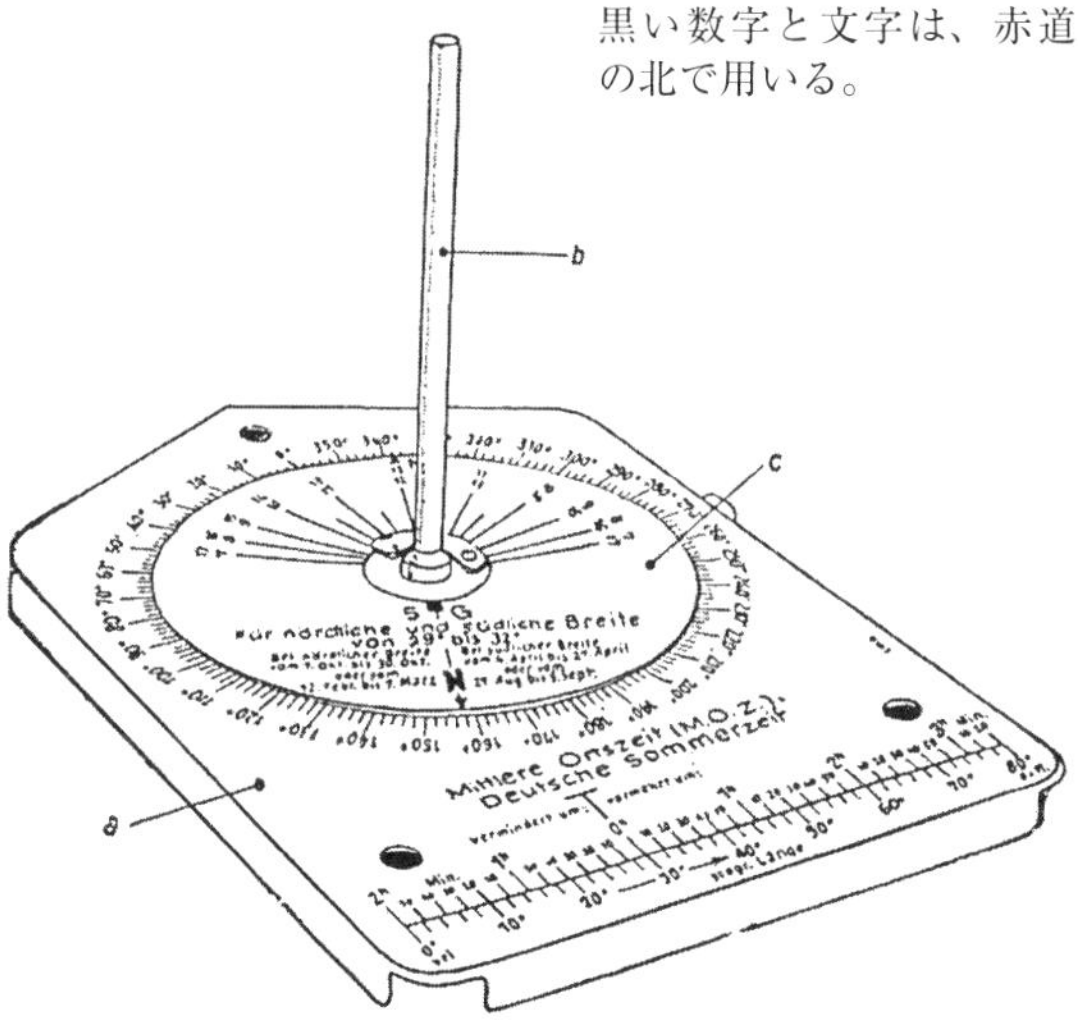

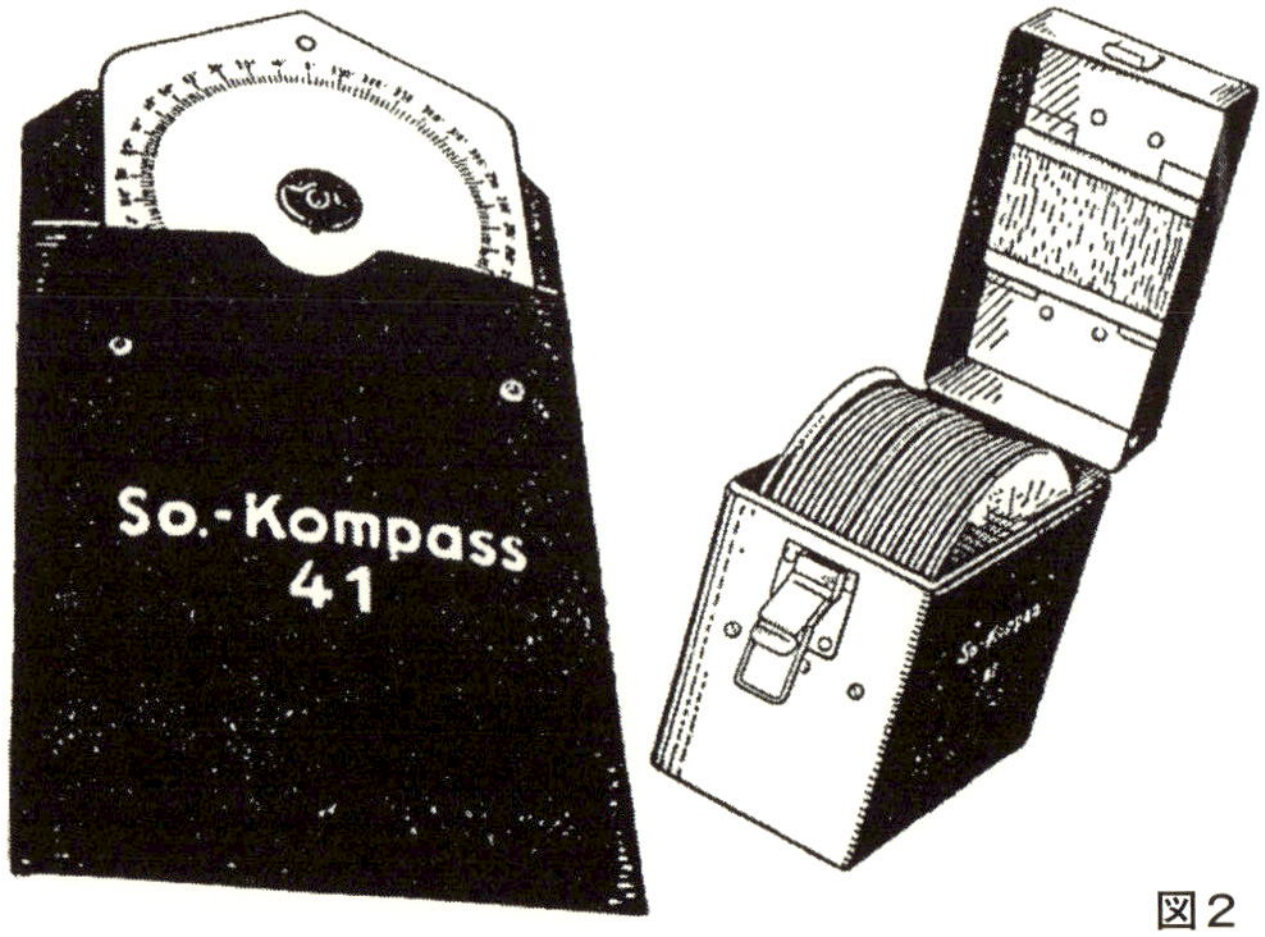

図2

一般事項

四一式ソーラー・コンパスは、以下の用途に使われる。

—運転中の自動車における行軍方向の維持。

—南北方向の応急確認。

—付近の現地時間、もしくは、ドイツ夏時間（D.S.Z.）や中欧時間（M.E.Z.）（これには、他に磁石コンパスが必要になる）の伝達。

四一式ソーラー・コンパス（図1）は、以下の部品から成る。

—円盤状度数目盛（三百六十度）と現地時間判定用の二重目盛が付いた基板(a)。ねじ止め可能な投影棒(b)。

—はめ込みできる数字盤(c)。これは、板盤箱に収納されている。

数字盤は、異なる五組に分類されている。現在地の緯度（表aをみよ）と日付（表bをみよ）に応じて、使い分けること。図1は、第五組の数字盤から、G盤が選ばれたことを示している。

(a)

緯度零度から九度、数字盤第一組。
緯度十度から十六度、数字盤第二組。
緯度十七度から二十二度、数字盤第三組。
緯度二十三度から二十八度、数字盤第四組。
緯度二十九度から三十二度、数字盤第五組。

(b)

北緯	南緯	使用する盤
五月二十一日〜七月二十三日	十一月二十三日〜一月二十一日	A

七月二十四日〜八月八日	一月二十二日〜二月五日	B
八月九日〜八月二十一日	二月六日〜二月十七日	C
八月二十二日〜九月四日	二月十八日〜三月三日	D
九月五日〜九月十九日	三月四日〜三月十八日	E
九月二十日〜十月六日	三月十九日〜四月三日	F
十月七日〜十月三十日	四月四日〜四月二十七日	G
十月三十一日〜二月十一日	四月二十八日〜八月六日	H
二月十二日〜三月七日	八月七日〜九月九日	G
三月八日〜三月二十三日	九月十日〜九月二十六日	F
三月二十四日〜四月七日	九月二十七日〜十月十一日	E
四月八日〜四月二十一日	十月十二日〜十月二十五日	D—
四月二十二日〜五月四日	十月二十六日〜十一月六日	C
五月五日〜五月二十日	十一月七日〜十一月二十二日	B
五月二十一日〜七月二十三日	十一月二十三日〜一月二十一日	A

ソーラー・コンパスの基板は自動車上に水平に、零度と百八十度の目盛を結ぶ線を自動車の長軸に平行にして、固定すること。基板は、自動車の部品などの陰に置いてはならない。

B．ソーラー・コンパスの使用

ソーラー・コンパス使用の前提条件は以下の通り。

(a) 地図上で現在地の緯度・経度を確定する。
(b) 行軍コンパスの目盛を、命じられた行軍路に合わせる。
(c) 補助図表（図3をみよ）に従い、行軍コンパスの目盛とソーラー・コンパスの度数目盛を合わせる。

ソーラー・コンパスを現地時間の測定に使用する場合にのみ、以下のことが必要となる。

(d) 地図端の表示、もしくは照会により、度数に偏差を組み入れる。

ソーラー・コンパスの助けにより、自動車が命じられた行軍方向を維持するようにする

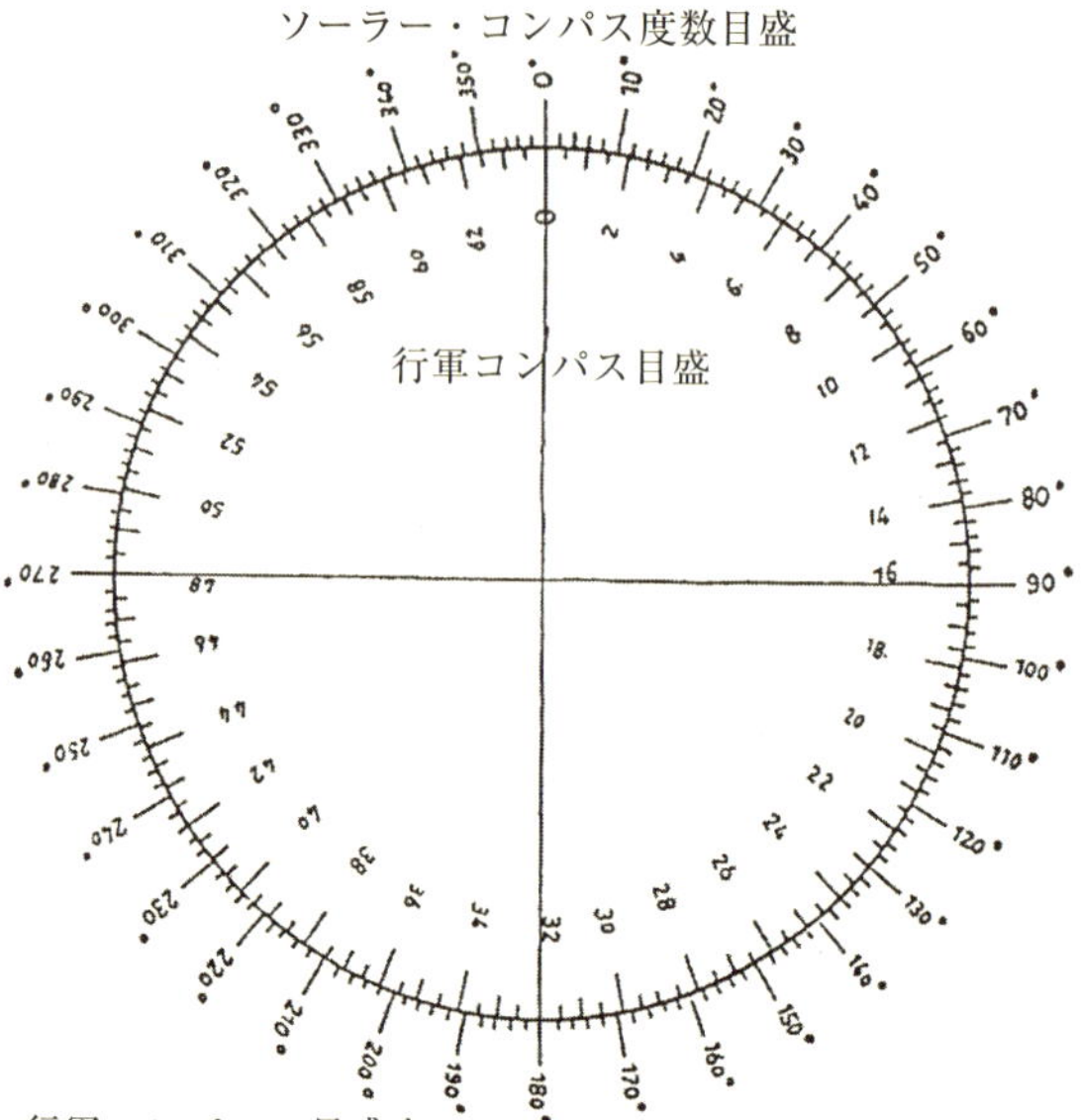

図３　行軍コンパスの目盛を、ソーラー・コンパスの度数目盛に合わせるための補助表。

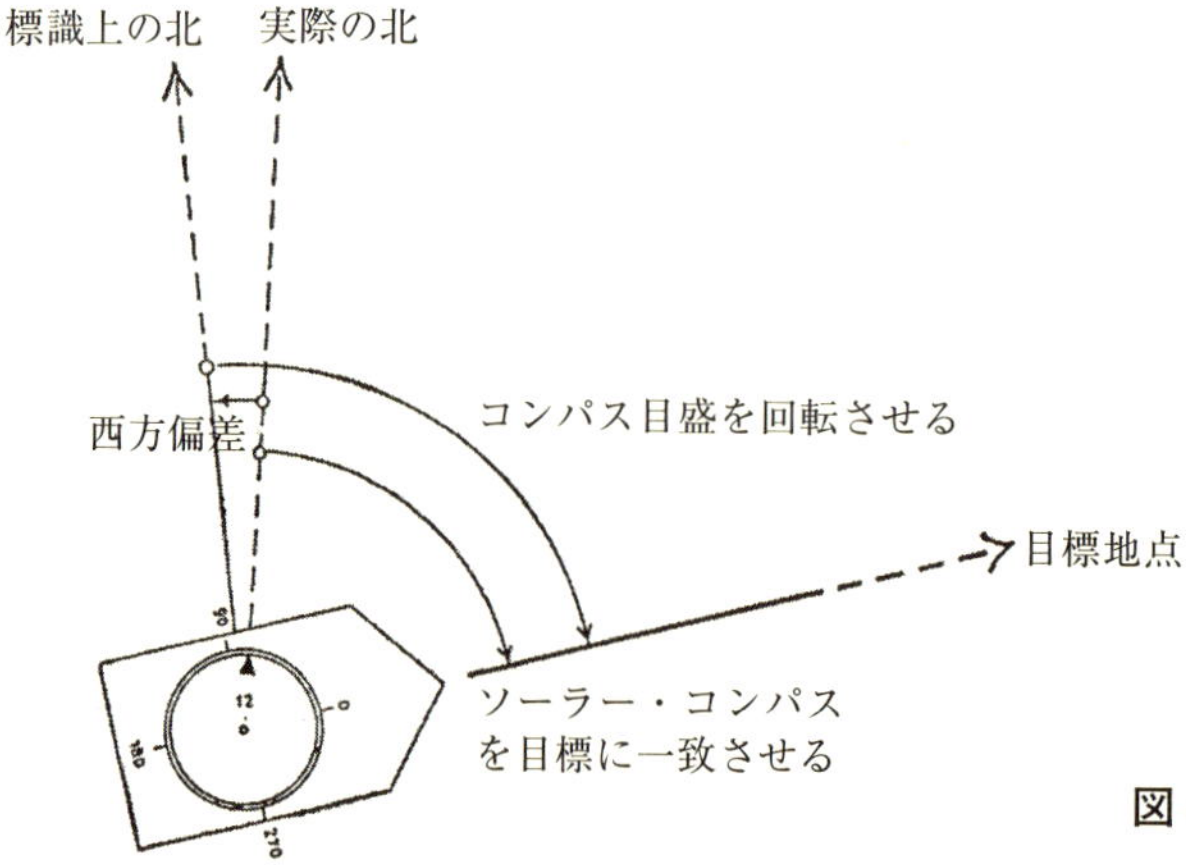

図４

こと。

乗車前に、右記に述べたごとく、必要な数字盤を基板に取り付け、投影棒をねじ止めする。

数字盤を回し、Nのマークを、基板上の(c)項で定めた度数に合わせる。数字盤は、レバーで基板に挟み込むこと。

基板上の二重目盛により、現在地の経度に応じて、ドイツ夏時間、もしくは中欧時間から、現地時間に合わせ、時計を進める。

(D.S.Z.マイナス一時間＝M.E.Z.)。

車行中は、投影棒の影の中心が、現地時間に合わせた数字盤上の線に合うように運転すること。現地時間表示の調整は、三十分ごとに繰り返さなければならない。

南北方向の応急的確認。現地時間の確定ののち、数字盤を回し、投影棒の影の線が、現地時間に合わせた数字盤上の線に合うようにする。このとき、Nのマークは北の方角を指す。

現地時間（D.S.Z.もしくはM.E.Z.）の確定。自動車から二十ないし三十メートル離れたところで、行軍コンパスを使い、任意の地点で遠距離の場所にコンパス方位を合わせ補助図表（図3）により度数を調整する。そこから、または、そこに向けて、西方への偏差を引くか、東方偏差を足す。結果は、基板の度数目盛上のNマークと一致するはずである。ここで、ソーラー・コンパスの先端を目標地点に向け、投影棒の影が現地時間表示に落ちるようにする。この現地時間は、基板上の二重目盛により、D.S.Z.もしくはM.E.Z.に換算することができる。実例については、図4をみよ。

本機器は、太陽の位置がきわめて高いときには使用できない（影がごく短くなるからである）。投影棒の影が時刻表記まで届かない場合は、ソーラー・コンパスは不正確になり、もはや使えなくなる。自動車が少しでも水平線より傾けば、方向確定の際に、大きな狂いを引き起こす。その際は、他の方向測定手段を使用すること（第三章「砂漠・ステップにおける位置標定」をみよ）。

付録六　拠点構築の手引き

図１　大隊隷下の諸中隊による拠点構築の手引き

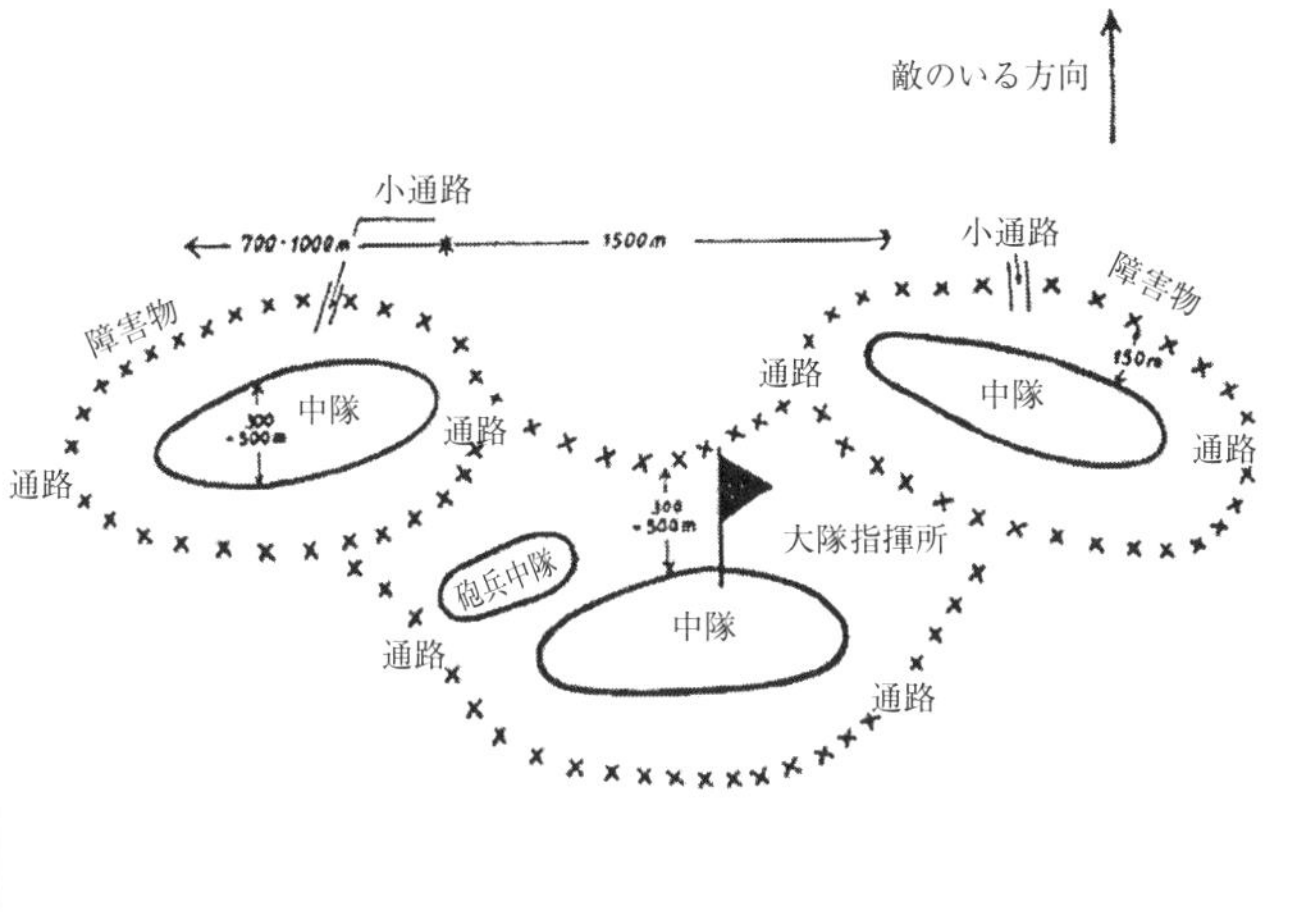

北アフリカにおける拠点構築の際、以下の方式が有効であると証明されている。ただし、敵情、味方の兵力、地勢によって、こうした経験から逸脱することもあり得る。大隊の枠内における諸中隊の拠点配置を、図１に示す。砲兵は、各中隊の拠点の後方に、自らの拠点を築くか、どこかの中隊の拠点に入る。

本実例における基準は左のごとし。中隊正面幅七百ないし一千メートル。縦深三百メートル。二つの中隊拠点間の中間地帯は

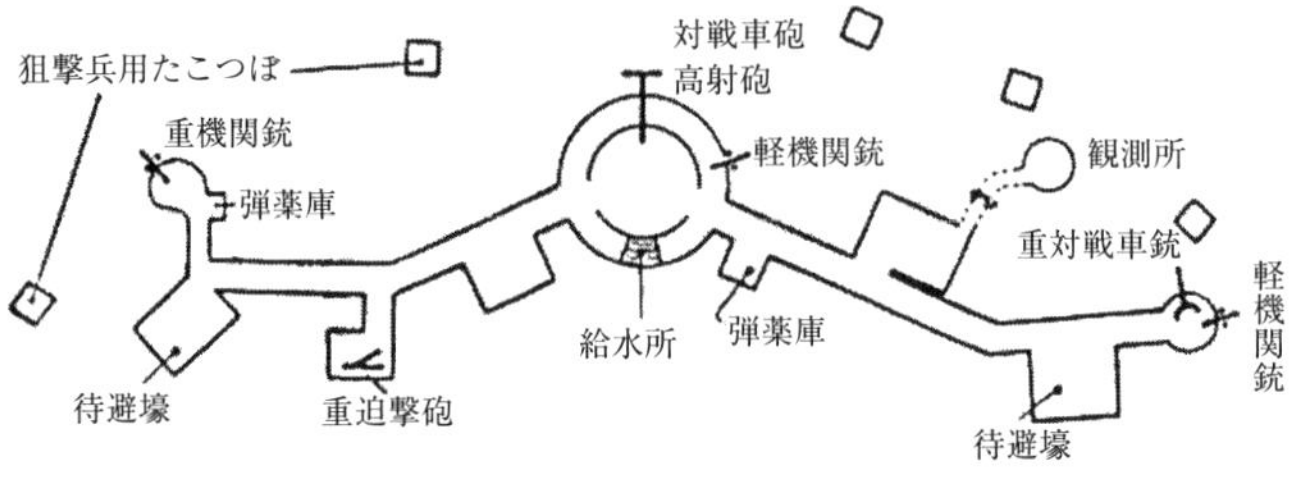

図２ａ　重火器と観測所を備えた集合拠点構築の手引き

図２ｂ

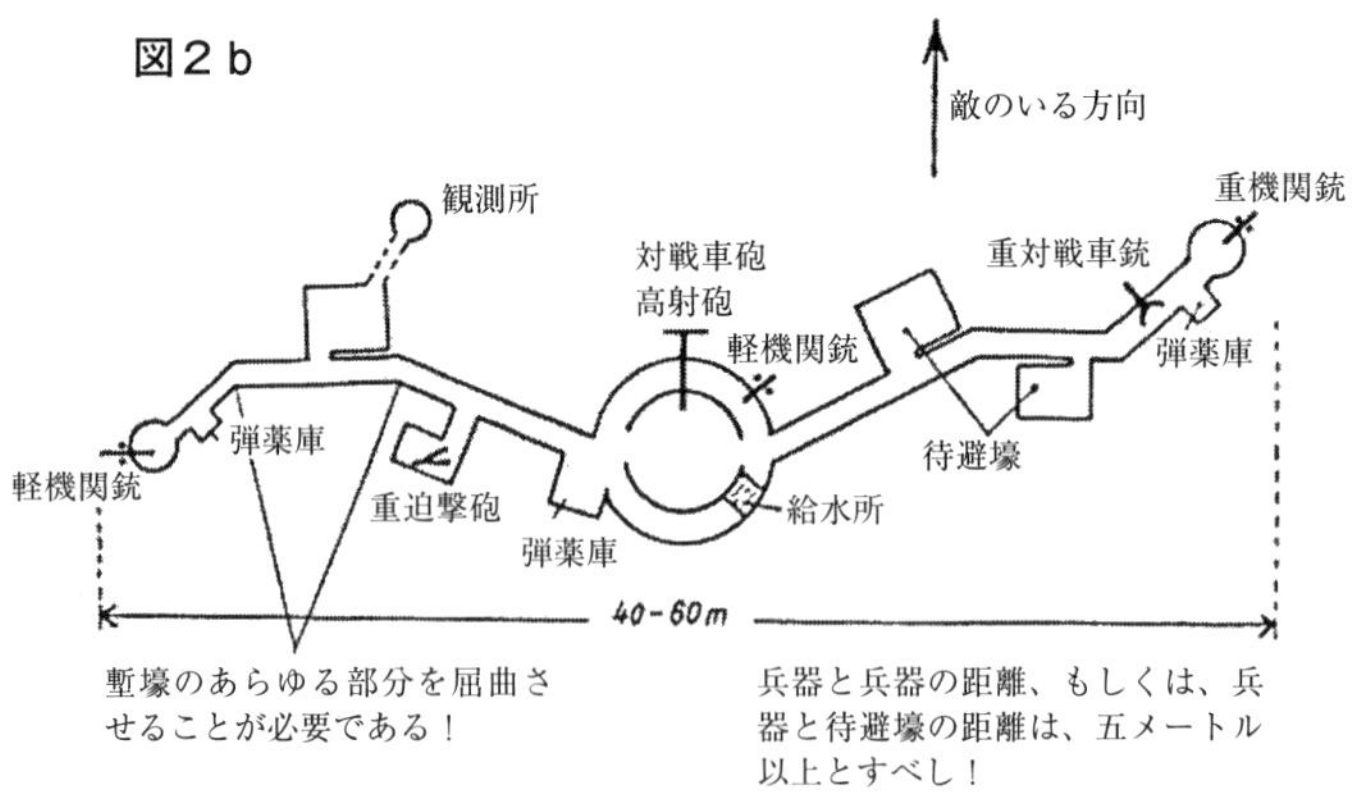

一千五百メートル。大隊全体の正面幅は三千ないし三千五百メートル。

構築と障害物

(a) 歩兵、重火器等は、塹壕に埋伏し、図2aならびに2bに従って、集合拠点を設置する。連絡壕は、集合拠点内と火点、もしくは観測点、地下壕とのあいだに設置する（射撃や戦車に対する防護のため、深く狭く、幾重にも折れ曲がったかたちに掘削すべし）。

(b) 地表が石の場合には、土嚢や布で包んだ石で掩護物をつくること。掩護物は、地表上に突き出て、目立つようなものであってはならない。

(c) 独立拠点の周囲には、有刺鉄線をはりめぐらせること。最前方の兵器から鉄条網までの間隔は百五十メートルとする（図1）。敵情視察のため、障害物のあいだには、狭隘な小通路を設ける。側面の通路は幅広のものとする。

自動車類は、状況により、掩蔽目的で数キロ後方に置く。これらは、陣地に準じたかたちの自己防衛措置を講じる。大隊と自動車群の連絡を確保すること（多くは無線による）。対戦車兵器等の移動を可能とするため、数両の自動車を陣地に控置することもしばしばある。

付録七　砂漠の事故に際しての行動

（第三章参照）


砂漠では、なんびとたりとも、事故現場から離れることは許されない。

航空機向けの目印は、通知した捜索時間内においてのみ使用すべし。

目印（天幕用布地、新聞、石等）を置くこと。木の枝などが手に入る場合は、天幕用布地を用いて、旗とする。認識用機材（とくに、照明・発煙装置）は、節約して使うこと。

捜索機が確認されるか、エンジンの爆音が聞こえたときにのみ、照明機材で投光する。

太陽が事故現場と捜索機のあいだにある場合には投光しない。可能であれば、火を起こし、発煙する（石油などを使う）。

鏡があるときには（自動車のバックミラー等）、太陽を反射させ、航空機の搭乗員や捜索隊の眼に付くようにする。

携行した給養品や水は、倹約して使うこと。

日中は水の消費を減らすため、できるかぎり日陰（たとえば、自動車の陰など）で過ごし、可能なかぎり動かないようにする。

砂漠救急機が着陸の企図を見せたなら、砂煙を巻き上げるか、煙を立てて（石油を燃やすなど）、風向を示すこと。

地表が着陸に適さない場合は、航空機は通信文や物資を投下し、それがうまくいったかを確認すべし。

周辺地区に着陸向きの場所があるときには、事故現場に、着陸可能点がある方向を示す矢印（石を積むか、地面に溝を掘る）を設置するように試みること。

砂漠の谷のなかで事故に遭った場合は、可能なかぎり、最寄りの高台に目印を設置せよ。

付録八　砂漠の給水

砂漠・ステップ地域における給水は、弾薬、給養品、燃料の補給同様に重要である。それは、戦闘行動の展開に決定的な影響を与えるのだ。

給水に関するあらゆる任務（取水、補給、分配）は、給水隊が行う。衛生隊と兵要地誌調査所の衛生要員は、この種の問題に関し、将兵の諮問を受ける。だが、各将兵はさらに、給水と取水（付録九）について、最低限度の知識をわがものとしていなければならない。

水の需要。消費定量は、以下のように想定される。

一日の消費量	行動中	休止時
一名あたり	五リットル	六リットル
装軌車輌一両あたり	十リットル	二リットル
トラック・乗用車一両（水冷）あたり	五リットル	一リットル

パン焼き中隊一個あたり	八千ないし一万リットル

詳しい数字について、付表一をみよ。

水不足の際には、兵一人あたりの日々消費定量を、左のごとくに切り詰めることが推奨される。

飲料水（コーヒー、茶など）二リットル。

調理・日用水四リットル。

本大戦において、水の乏しい地域の将兵は、数週間におよび、つぎの定量でやっていくことを可能としている。

一人一日あたり二ないし三リットル。

その際、この定量には、自動車の冷却水としての消費も含まれている。

作戦中の自動車の消費定量は、十二分に計上しておくこと。これは、長距離の車行、困難な地形、高温といった、不利な運用条件に際しても適切なことである。

衛生施設においては、一日あたりの定量を、ベッド一床ごとに二十リットルとして計上する。一個装甲師団（自動車を含む）が一日に必要とする水の総量は百二十立方メートルにおよび、歩兵一個師団（自動車と馬匹を含む）のそれは三百立方メートルになる。

輸送手段として考慮されるものは以下の通り。

路上では、自走タンク車ならびに、容器・水缶を備えたトラック。

砂漠・山岳路。水缶で運ぶ。ロバに積めるのは、鞍を除いて、七十五キロまで。ラバに積めるのは、鞍を除いて、百二十キロまで。ラクダに積めるのは、鞍を除いて、百二十キロまで。

塩分を含んだ水の使用。人間と動物は、相当に塩分濃度が高い水でも、すぐに慣れるものである。塩水はまた、スープの調理にも、たびたび使える。経験的に、おおよそ以下の分量が適当であることがあきらかになっている。

——一リットルあたり、塩分含有量が一千ミリグラムまでであれば、充分飲用に適する（コーヒー、茶）。

——一リットルあたり、塩分含有量が二千ミリグラムまでであれば、調理用の水に適する。

用の水に適する。

—一リットルあたり、塩分含有量が二千ミリグラム以上であっても、なおパン焼きや洗濯

とくに、広大な砂漠や住民の少ないステップ地域では、容器を使用して、水を補給する必要がある。それには、一千ないし一千七百リットル容量の水容器を使用できる（付表二を参照せよ）。

また、一九四二年十一月十八日付注意書「乾燥地域での給水」（陸軍業務指示書一a、五七頁、通し番号六号、付録二）も参照すること。

付録八付表一　水の必要量

一日あたりの各使用量	行動中（リットル）	休止中（リットル）
人間の通常消費量	五	六
水筒で携行する三日間分の絶対に必要な最低限の量	一・五	
飲用・調理に必要な最低量		四・五
すべての目的に消費される通常の量		二十三
軍後方地域における浴場を備えた休息用兵営		六十八
衛生設備のある駐屯地		百三十五
都市のインフラが使える駐屯地		二百三十
軽食堂（利用者一人あたり）		三・五
烹炊所（利用者一人あたり）		七

パン焼き中隊	八千	一万
家畜　馬、ラバ、雄牛		四十五
通常の給水毎		十五
使役後		二十三
絶対に必要な最低限の量	十三・五	
ヒツジ、ヤギ、ブタ		四・五
ラクダ（三日ごとに給水）		四十五
自動車　装軌車輛	十	二
トラック・乗用車（水冷式）	五	一

付録八付表二

消費量

一個装甲師団	
兵員一万六千人	〔一人あたり〕五リットル＝八万リットル
装軌車輌五百両	〔一両あたり〕十リットル＝五千リットル
トラック・乗用車三千三百両	〔一両あたり〕五リットル＝一万六千五百リットル
衛生・後方部隊	一万六千リットル
おおよその総量	十二万リットル＝百二十立方メートル

一個歩兵師団		
兵員一万六千人	〔一人あたり〕	五リットル＝八万リットル
馬匹四千五百頭	〔一頭あたり〕	四十五リットル＝二十万二千五百リットル
乗用車二百八十両	〔一両あたり〕	五リットル＝一千四百リットル
トラック三百六十両		＝一千八百リットル
衛生・後方部隊		一万六千リットル
おおよその総量		三十万リットル＝三百立方メートル

輸送容量

以下のごとく積載可能	水缶	大容量容器		
	二十リットル	一千リットル	一千二百五十リットル	一千七百リットル
三トン・トラック一両につき	百二十個	二個	二個	一個
五トン・トラック一両につき	二百個	三個	三個	二個

付録九　水の確保

以下のような取水源と水の確保に関する知識は、将兵にとって重要なことである。水は、地表水と地下水の二種類に区分される。

地表水

多くのステップ地帯（たとえば、南ロシア）では、地表は濃厚な塩分に覆われている。そうした地域の水は、地表に近い部分を流れている地下水までも、多数の塩分を含んでいる。雨季の砂漠においては、涸れた河床（北アフリカでは、ワジと呼ばれる）も、水で満たされる。だが、その水は、たちまちのうちにしたたり落ち、蒸発し、地中に染み込んでしまう。雨水を貯めるため、天水溜めを設置し、流れてくる雨水が溝を伝って、その中に送られるようにすること。地表水は、低地においては静止水として得られる。が、淡水と塩水が混合した水は、多量の塩分を含み、人や動物が飲用することはできない。従って、地表水を部隊に供給することは問題外である。

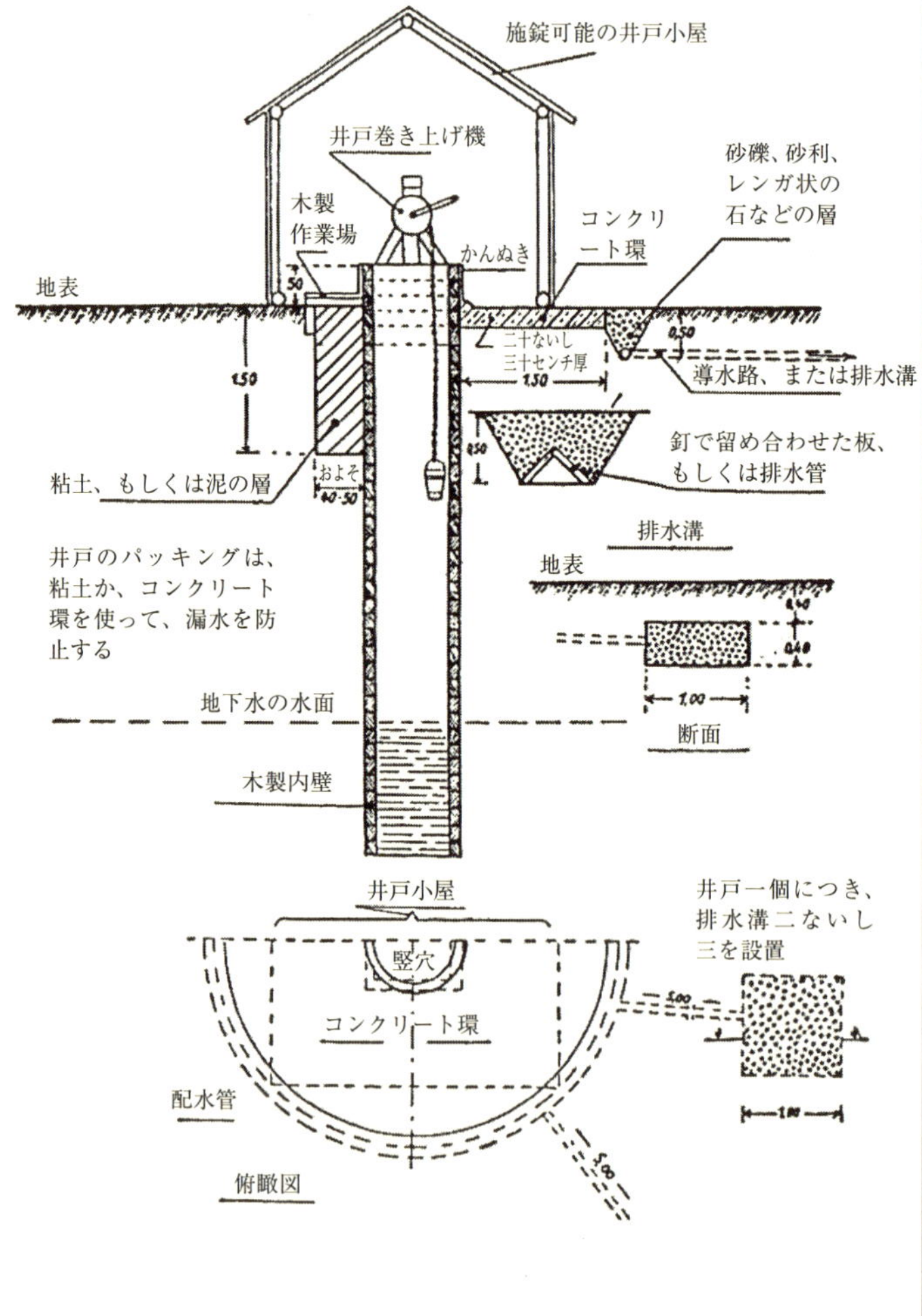

図1　竪穴式井戸の仕組み

地下水

排水性のよい地層が、浸透の進むのを妨げているようなワジにおいては、往々にして、さほど深くない層で水を見つけられる。海岸近くでは、砂丘水と称される地下水が見つかる。これは、おおむね海面の高さにあり、塩水の上に、二十ないし三十センチの真水の層となっている。ここから、本来の地下水、いわゆる地下水流についてみていこう。地下水流は、非常に深い地層にあり、深層用井戸装置によってのみ、取水することができる。ワジや砂丘の地下水は、竪穴式井戸装置により、取水する。また、ワジや砂丘の高さが八メートルに満たない場合には、三七式野戦井戸装置を用いる。

竪穴式井戸の設置（図1をみよ）

一×一メートルか、それ以上の竪穴を深く掘り、木材で立坑をつくる。土砂を掘り出し、あらかじめ調製しておいた木製の支柱で壁を支えることによって、任意の深さまで掘削することができる。地表に水を汲み出すのを容易にするため、ザイルと桶を付した巻上機を竪穴の上に設置することも目的にかなっている。井戸の取水量を豊富にするため、発見された水源を、さらに一メートル深く掘り下げるのも適切な措置である。竪穴式井戸の上端は、水がしたたり落ちるのを防ぐため、地面よりも五十センチ高く盛り上げておく。竪穴式井戸の周囲は密閉し、可能なら、井戸の上部に木製の小屋を建てること。周囲十五メートル以内では、いかなる汚染も防止すべし。水の汲み上げには、ザイルをつけた桶を使うが、最良の器具はザイル式の巻上機である。塩水の上には、薄い真水層（砂丘水）が浮いているものであるから、井戸のなかに樽を入れ、その上端が塩水層よりもやや上に来るようにして、真水だけが入ってくるようにすること。しかるのち、桶を使って、樽から水を汲み上げるのである。

三七式野戦井戸装置の設置（図2をみよ）

三七式野戦井戸装置は、八メートルの深さまで使用可能である。同機器は、吸い上げ・押し上げポンプ、ポンプ管、濾過器から成っている。粘土、ローム層、密なる砂利層など、地質が硬い場合には、まずボーリング穴を掘らなければならない。砂や緩い砂利層の場合は、井戸装置を打ち込むべし。ボーリング穴掘削には、ポンプ管をねじ止めしたボーリング機を用いる。石にぶつかったら、ボーリング機の先に砕石鑿《のみ》をねじ止めし、短間隔の打突によって砕くこと。それがうまくいかなかったら、別の場所でボーリングを繰り返す。

水の流れている層に突き当たったら、濾過器をねじで固定し、管とともに、ボーリング穴に設置する。杭打ち台を使い、杭を通して、ポンプ管を打ち込む。この杭打ちのあいだに、下げ振りを使って、水位の高さを確認すること。水位が充分な高さ、一ないし一・三メートルに達したら、杭打ちをやめ、吸い上げ・押し上げポンプを装着する。細かい砂、あるいは粘土層にあっては、吸水機構につながるポンプ管に水があっても、汲み上げられないということがあり得る。そういう場合、砂で濾過器が詰まっているか、粘土層が厚いため、充分な水が流れ込んでこなくなっている可能性がある。適切に設置された野戦井戸は、一分あたり四十リットルの水を汲み出す。

その撤去にあたっては、ポンプ管を引き抜き、梃子棒、巻き上げ機、杭の打ち込みによって、下から上へ持ち上げること。本機器（全重量百六十キログラム）を収納する前に、すべての部品を清掃すべし。補助器具aを用いれば、本野戦井戸装置はピストン・ポンプの機能を持ち、十メートルの深さまでも使えるようになる。補助器具bを用いれば、細い管と吸入ピストンにより、泉等の水を汲むことも可能である。

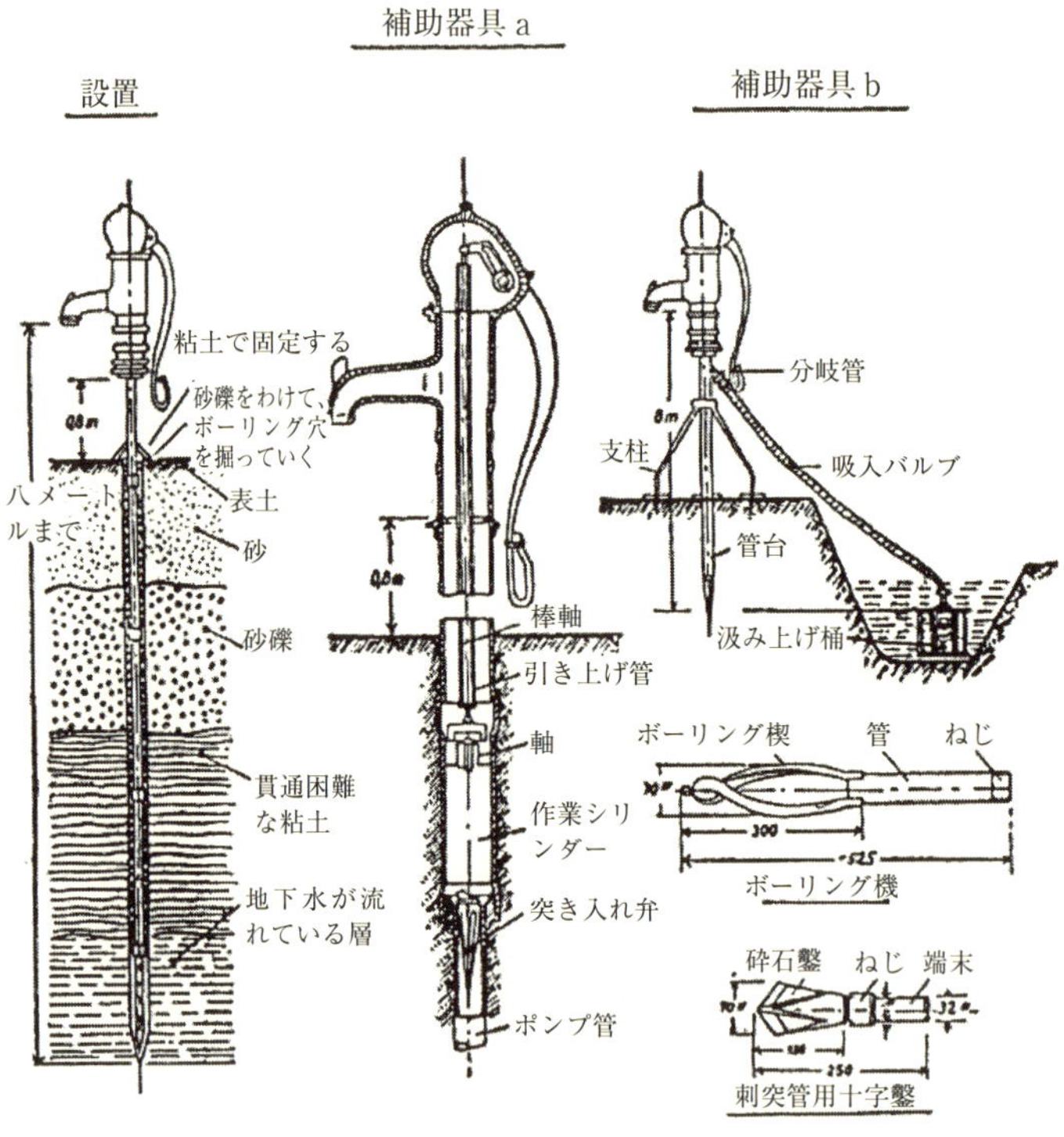

図２　三七式野戦井戸装置

軽量携帯ボーリング機

ごく深い層から水を汲む際は、ボーリング機を使わなければならない。ここでは、深度三十メートルまでの層に用いる、軽量携帯ボーリング機のみをみていくことにする。

三脚台に、螺旋《らせん》式ボーリング機を吊り下げる。これは、手で地中にねじ込んでいくことができるものだ。二ないし三メートルの深さに達したら、竪穴を穿《うが》ち、さらに掘っていく。より強固な岩石が現れたら、ザイルに鑿を固定する。そのザイルを引けば、短いピストン運動になるから、それによって、鑿が岩を砕くのである。脈動・砂利ポンプを使い、掘り出した土砂を地表に運ぶこと。掘削進展の度合いは、たしかにそう大きくはないが、その代わり、この機器の使用はきわめて簡単だ。携帯ボーリング機は積載も容易で、三十メートルまで使用可能なボーリング機全体で、重量一千五百キログラムである。

ポンプの設置。水が発見されたなら、濾過器取付環付の濾過管を、ボーリング管に装着する。深さ八メートルまでなら、三七式野戦井戸装置を設置可能である。また、補助器具a付きの三七式野戦井戸装置なら、深さ十メートルまで設置可能だ。水を汲み上げる高さが二十メートルまでなら、一般に採用されているブレルー・ポンプI型が設置される。これは、深層用の主導ピストン・ポンプであり、一時間あたり一千リットルを汲み出すものである。総重量は、吸い上げ・押し上げポンプを含めて、三百二十キログラム。もっと深い三十メートルまでの層であれば、エンジンで動かされるアンガー社のA一／一／二型深層用ピストン・ポンプの使用を考慮する。この深層用ピストン・ポンプは、一時間あたり五千リットルを汲み出す。総重量は、吸い上げ・押し上げポンプを含めて、八百キログラムである。

小部隊においては、さらに深い層の掘削は考えなくともよい。これについては、井戸掘削用の給水部隊が投入されなければならないのである。

付録一〇　在砂漠・ステップ部隊向け指示書、注意書等一覧

通し番号	書名	指示書番号・文書整理番号	配布元	配布先
一	砂漠・ステップ戦教本	陸軍師団作戦部業務指示書一八a付録二　通し番号二三番	陸軍資料部等	中隊、砲兵中隊まで
二	手引き書「在リビア軍人」	陸軍師団作戦部業務指示書三一付録二　通し番号一二番	陸軍資料部	在リビア将兵十名につき一部
三	熱帯地域における給水	陸軍師団作戦部業務指示書五七付録二　通し番号六番	陸軍資料部	各級司令部ならびに給水部隊
四	オーバーレイおよび修正指示付射撃補助教本	陸軍業務指示書一一九	陸軍資料部	各兵科の隊ごとにつき一部
五	熱帯用弾薬・兵器・機材取扱書	D三四	陸軍資料部	中隊、砲兵中隊等

六	砂塵、酷暑、泥濘における自動車（一九四二年十月一日）	D六三三五〇	陸軍資料部	自動車を保有する中隊、砲兵中隊
七	陸軍飲料水調整機	陸軍指示書一九五／一	陸軍資料部	師団衛生隊
八	背負式濾過機	陸軍指示書一九五／二	陸軍資料部	中隊、砲兵中隊等
九	部隊天幕（縦列用）	陸軍業務指示書四七六／四b（付録）	陸軍資料部	器材に添付
一〇	高温地域用野戦調理手引書	師団作戦部業務指示書付録二、六一頁通し番号一四番	陸軍資料部	中隊、砲兵中隊等
一一	熱帯勤務能力に関する検査方針	師団作戦部業務指示書付録二、三二b頁通し番号三七番	陸軍資料部	衛生将校を有する隊
一二	高温地域の無医部隊における「応急処置」注意書		陸軍衛生総監部	中隊、砲兵中隊等

一三	軍人用マラリア注意書	師団作戦部業務指示書付録二、五三c頁通し番号三二番	陸軍資料部	各兵士
一四	高温地域の赤痢	師団作戦部業務指示書付録二、五三c頁通し番号五六番	陸軍資料部	各兵士
一五	衛生将校・衛生兵向けLパンフレット		陸軍衛生総監部	各衛生将校、または各衛生兵
一六	中近東・北アフリカにおける医師	師団作戦部業務指示書付録二、五四d頁通し番号五六番	陸軍衛生総監部	各衛生将校
一七	縦列獣医規定書（全隊用）	陸軍業務指示書六一／.《ママ》	陸軍資料部	各獣医将校
一八	「イスラム」必携	国防軍最高司令部国内部パンフレット第五二号	情報担当部	中隊、砲兵中隊等

付録一一　イスラム諸国における振る舞い

（国防軍最高司令部国内部パンフレット第五二号『イスラム』必携」も参照せよ）

公衆の前でイスラム教徒が礼拝を行っているときには、敬意を払え。かかる聖なる行為を好奇の眼で見てはならない。いかなるものであれ、邪魔立ては慎むこと。どんな状況であれ、祈るさまを写真や映画に収めてはならない。けっしてモスクに押し入るなかれ。ただし、モスク見学に招待された場合、あるいは、この聖所の番人が入れてやってもよいという態度を示した場合は別である。どんなものであれ、拒否するしるしがみられたら、遠慮すべし。金曜日（キリスト教の日曜日〔安息日〕に相当する）、もしくは、正午の祈りの際には、絶対にモスクに入ろうとしてはならない。モスク訪問に、武器の携帯不可や靴を脱ぐことといった条件がつけられているときには、自尊心に従い、参観をあきらめるべし。

問い合わせに対して、明瞭な許可が得られなかったら、モスク内で写真を撮ってはならない。

王侯貴族や聖人が埋葬されている墓所（たいていは、小さなドーム状の建物である）でも、モスクにいるときと同様に振る舞うこと。モスクや聖人墓所には、多くのハトがいるが、捕らえたり、殺してはならない。ハトに餌をやるのは、賞賛されることである。

「ハッジ」、すなわちメッカへの巡礼に赴く人々には、敬意を持って接すべし。多くは、ターバンを巻き、ひげをたくわえ、白い衣装を着用しているので、それとわかる。ある場所に長期に滞在する場合には、彼らと親交を得ること。彼らを敵にまわすことは避けるべし。

物乞いには、親しげな面持ちをつくり、喜捨、つまり小銭を与えよ。けっして、にべもなく追い払ったりしてはならない。小銭を持ち合わせていなかったり、一物も与えたくない場合には、友好的な調子の現地語で「アラーが汝に与えん」と告げること。

子供を見せられたら、過剰に褒めるのではなく、むしろ、その風采やようすを案じるようにして、「マッシャアラー、マッシャアラー！」、「神よ、守りたまえ」と言い添えるべし。

イスラム教徒と先のことについて約束するときには、その約束に「インシャラー」（「神の御心のままに」の意）と付け加える。たとえば、「明日二時に、このあたりで会おう。インシャラー！」といったぐあいである。

イスラム教徒の婦人の知己を得ようとして、挨拶したり、言葉をかけるのは、絶対に不可である。けっして窓に向かって合図したり、通りや商店にいる婦人に話しかけてはならない。

イスラム教徒の家で案内を請わなければならない場合には、ベルを鳴らし、ノックしたのちに、しかし、回れ右して、ドアを背にすること。婦人がドアを開けた際に、その姿を見ないようにするためである。

イスラム教徒に、その夫人や他の成人した家族について尋ねるようなことは絶対にしてはならない。

どのようなものであれ、建築を企図するときには（どうにかできる場合には、防御施設の設置においても）、イスラム教徒の墓を毀損することは避けるべし。墓地は不可侵であるとみなされている。

中東で自宅に招かれたら、内装や家具に驚嘆し、褒め称えてはならない。お客を大事にするという暗黙の掟により、招待主は、それらを客に贈らざるを得なくなる。とはいえ、招待主は喜んでそうするわけではない。かかるやりようで物をせしめるのは、マナーに反する。

お客としてもてなされた場合、たとえ、ごく小さな家で家計も貧しかったとしても、金を払ったり、お返しの贈り物をして、歓待の代償にするようなことは絶対に不可である。そんなことをしようとするだけでも、招待主をひどく侮辱したことになるのだ。お返しを求められた場合にも、贈り物とすることを許されるのは医薬品のみである。名刺を渡せば、それは数十年にわたって保管される。当該の家の者が訪ねてきた際には、使えるもののすべてを投じて、自らが受けた歓待に応えること。

けっして、戒律で禁じられた食物や飲み物（豚肉、ワインなど）の飲食を強要してはならない。いかなる事情があろうと、提供する食事の種類を誤ってはならないのである。

付録一二　写真

写真1　粘土質砂漠

写真2　砂礫砂漠（戦車が進軍している）

写真３　石砂漠

写真４　砂砂漠

写真５　山岳砂漠

写真６　砂漠ステップの塩湖

写真７　ステップ

写真８　砂漠ステップ（砂漠の十字路に、道標としてケルンが立てられている）

写真９　ワジ（雷雨が降り注いだのちの砂漠ステップ）

運命の北アフリカ

※以下、砂漠戦のイメージを喚起するために、ドイツ国防軍アフリカ軍団戦友会が刊行した記念本『運命の北アフリカ』より、司令官のロンメル自身が撮影したものを含む主要な写真を収録する。

アフリカ軍団が発行していた新聞『オアシス』。ムッソリーニとイタリア空軍の創設に関する解説記事。

一九四一年九月十二日付『オアシス』。イギリス潜水艦「キャシャロット」の降伏を報じる。

Folge 46 · 12. September 1941. Die Oase Seite 3.

„Verdun der Küste?"

Im Vorfeld von Tobruk

Von Kriegsberichter HG. Frhr. von Esebeck

Vier lange Monate währt nun der Stellungskrieg vor Tobruk. Als die Truppen des Deutschen Afrikakorps in den letzten Tagen vor Ostern das Vorfeld der Stadt erreichten und abriegelten, noch ehe der Engländer begriffen hatte, was geschah, war das Ziel der Offensive erreicht. In knapp drei Wochen war die Cyrenaika vom Feinde gesäubert. Bardia, Capuzzo, Sollum waren in deutscher Hand. Unsere Sicherungen standen auf ägyptischem Boden. Mehr als tausend Kilometer war der Feind zurückgeworfen worden. Die Reste der geschlagenen Wavellschen Divisionen waren eingeschlossen.

Tobruk, Hauptort der Marmarika, ist ein Nest von einstmals 4000 Einwohnern. Es ist der wichtigste Kriegshafen der ganzen Cyrenaika. Es ist aber auch eine Festung höchst ungewöhnlicher und einmaliger Art. Weite, fast vegetationslose Tafelberge bilden das Vorgelände. Flache Muiden und wenige, zum Meer tief eingeschnittene Wadis durchbrechen es. Die Wüste besteht aus Geröll und Stein, mit Sand durchsetzt. Der Untergrund ist nackter Fels. In dieser Landschaft, deren Höhenunterschiede kaum wahrnehmbar sind, spannt sich in weitem Bogen von Meer zu Meer der Gürtel der Befestigungsanlagen. Sie sind völlig von denen verschieden, die wir im Westen kennen lernten und die unsere Truppen jetzt in der Sowjetunion antreffen. Zwar ist auch hier ein einheitliches System von Bunkern angelegt worden. Aber sie haben keine Panzerkuppeln, keine Betonmauern. Sie bleiben unter der Erde und sie sind daher unsichtbar. Natürliche Stützpunkte sind es, kleine Festungen in einem Gelände, das an sich schon Festung ist, weil es dem Angreifer keinerlei Hilfen gewährt, den Verteidiger aber der Sicht entzieht.

Rund 170 Kampfanlagen zählt allein der erste Verteidigungsgürtel. Sie bestehen aus einzelnen, voneinander unabhängigen Ständen, die sich in die Tiefe über das Land erstrecken, sodass nicht eine Linie, sondern ein Kampffeld entstand. Der einzelne Bunker liegt etwa eineinhalb Meter unter der Erde. [illegible] Decke. Schmale, in gleicher Stärke abgedeckte Gänge führen zu gewöhnlich drei Kampfständen. Wesentlich ist dabei, dass keine einzige der Anlagen sich über den Boden erhebt oder irgendwie abzeichnet. Sie sind absolut der Umgebung angeglichen, die Panzer-

der unabhängigen Ständen, die sich in die Tiefe über das Land erstrecken, sodass nicht eine Linie, sondern ein Kampffeld entstand. Der einzelne Bunker liegt etwa eineinhalb Meter unter der Erde. [illegible] Decke. Schmale, in gleicher Stärke abgedeckte Gänge führen zu gewöhnlich drei Kampfständen. Wesentlich ist dabei, dass keine einzige der Anlagen sich über den Boden erhebt oder irgendwie abzeichnet. Sie sind absolut der Umgebung angeglichen, die Panzer-

graben um jedes Werk mit Brettern, Geröll und Kameldorn abgedeckt. Der Bunkereingang besteht aus einem viereckigen Einschnitt in der Erde. Zwei schmale Eisenträger überragen ihn, Handgriffe der Anstiegstreppe. Die Kampfstände, die etwa zu Meter auseinanderliegen, höchstens vier Mal zweieinhalb Meter Raum beanspruchen und so gegliedert sind, dass nach allen Seiten eine Verteidigung möglich ist, sind oben offen. Sie werden erst im Augenblick des tatsächlichen Einbruchs besetzt. Auch sie tragen keinerlei Aufbauten und sind daher nicht zu sehen, geschweige denn zu finden. Es ist klar, dass Artillerie, und sei sie noch so massiert, nur wenig ausrichtet. Nur ganz schwere Kaliber vermögen den steinigen Boden zu erschüttern und in ihn einzudringen. Auch die Stukabombe bleibt wirkungslos, es sei denn, Volltreffer schlagen in die Kampfstände selbst, was indessen angesichts ihres Raumes mehr eine Frage des Zufalls bleiben muss.

In diese Verteidigungsfestung, die ihresgleichen vergeblich auf den europäischen Kriegsschauplätzen suchen dürfte, stiessen Ostern unsere ersten Angriffe. In Unkenntnis der Art und der Tiefe der Stützpunkte, brach unsere Infanterie weit in das feindliche Gelände ein, ohne jedoch die notwendige Sicherung der Seiten und vor allem des Rückens dabei nachziehen zu können. Ihr Angriffsschwung, der zunächst so glänzende Erfolge errang, musste deshalb in dem Augenblick erlahmen, als der Gegner aus seinen nicht erkannten Bunkern plötzlich den Kampf aufnahm und sein Feuer unsere Stosstrupps von hinten traf. Der Angriff brach zusammen.

Nach sorgfältiger Vorbereitung wurde er am 30. April erneuert. Dies Mal gelang der Einbruch. Ziel war der Ras el Medauuar, eine das Vorfeld Tobruks beherrschende Höhe. In der Nacht wurden die Drahtsperren geöffnet. Der Einbruch der Infanterie, von Panzern unterstützt, erfolgte ungeachtet schwersten Abwehrfeuers. Bunker um Bunker wurde geräumt. Als am nächsten Mittag der Sandsturm mit furchtbarer Gewalt einsetzte, verhinderte er zwar die Sicht und führte dazu, dass nun auch am Tage die einzelnen Kampfstände schwer auszumachen waren, die wir bereits in der Nacht nicht zu erkassen vermocht hatten, indessen nahm er auch dem Gegner jede Möglichkeit wirksamer Abwehr. Auf beiden Seiten wurde mit einer zuvor kaum gekannten Verbissenheit und Erbitterung gekämpft. Auf beiden Seiten waren die Verluste beträchtlich. Aber wir waren auf dem Ras Medauuar. Wir hielten ihn trotz aller verzweifelten Versuche des Gegners nach einem Trommelfeuer im Weltkriegsstil die verlorenen Positionen wieder zu erlagen.

Was war mit dem Medauuar gewonnen? Die weite Fläche zeigt erst dem ihre Vorteile, der sie besitzt.

Kampfpause

Aufn. Eric Borchert PK.

In der Tat hatte der Gegner von hier aus einen tiefen Einblick in unsere Stellungen und in das dahinter liegende Gebiet. Jede Bewegung, jede Staubsäule eines einzelnen Fahrzeuges konnte er genau beobachten und unter Feuer nehmen. Das hörte nun auf und wir waren es, die ihm fast in den Suppentopf schauen konnten. Zudem aber wurde mit diesem Angriff die erste Bresche in das Verteidigungswerk von Tobruk geschlagen. Ein wichtiger Eckpfeiler war aus dem System herausgebrochen. In den folgenden Wochen kam es noch zu einigen Unternehmungen, die eine Verbesserung unserer Stellungen zum Ziel hatten. Gegenangriffe wurden im Blut erstickt. Im wesentlichen erstarrten die Fronten. Der Stellungskrieg begann, wie er nur im Weltkrieg eine Parallele findet. Ja zum ersten Mal — und das verdient festgehalten zu werden — wurde selbst von Befehlshaber des deutschen Expeditionskorps der Vergleich zum Weltkrieg gezogen.

Wenn darauf verzichtet wurde, Tobruk — coûte que coûte — aufzubrechen und in Besitz zu nehmen, so hat das seinen guten Grund. Warum sollte mit schweren Opfern erkämpft werden, was eines Tages fallen muss? Gewiss gelingt es dem Engländer nach wie vor, Nachschub heranzuführen und im Schutze der Nacht kleinere Schiffe in den von Wraks blockierten Hafen zu schmuggeln. Allein die Lage der Eingeschlossenen wird mit jedem Tag weniger rosig, die Position des Belagerers indessen mit jeder Woche stärker. Entscheidend war und bleibt, dass der Gegner nicht mehr herauskann, dass er nurmehr mit einer einzigen Aussicht noch kämpft — die Kapitulation hinauszuzögern. Wavell selbst hat für die Lage in Tobruk einen bezeichnenden Kommentar geliefert, als er Mitte Juni den Versuch unternahm, die Stadt zu entsetzen, ein Versuch bei dem er die Masse seiner Panzer einbüsste — 247 wurden vernichtet oder ausser Gefecht gesetzt — und schwer geschlagen nach Aegypten zurückkehren musste.

Seither gibt es an der Tobrukfront nur noch Einzelunternehmungen englischer Panzer. Sie fühlen sich an die Sperre vor. Zumeist werden sie mit Verlusten zurückgeschickt, wenn sie es überhaupt auf eine Kraftprobe ankommen lassen. Am Tage bleibt die Front erstarrt. Hüben und drüben lebt der Mensch in seinen Erdlöchern oder seinen Bunkern. Nichts regt sich. Das Land ist tot. Dann und wann dröhnt die Luft, Dreck und Erde stehen sekundenlang als graue Fontäne in der flirrenden Luft.

Auch hier, im Vorfeld von Tobruk, ist der Sommer ein Sommer ohne Schatten. Tagaus, tagein knallt die Sonne erbarmungslos auf die Ebene. 60 und 70 Grad sind im Juli und August keine Seltenheit. Sie sind die durchschnittliche Temperatur, die nur deshalb noch erträglich ist, weil die Hitze trocken und zumeist von Wind begleitet ist. In den Feldstellungen spürt man freilich vom Winde nicht viel. Die Zeltplanen geben nur spärlichen Schutz. Auch in die Bunker dringt langsam und stetig die Hitze vor. Die Steine glühen und strahlen in der Nacht die ganze Wärme aus, die sie am Tage empfingen. Nur über Mittag, wenn die Luft zu einem wabernden, schillernden Brei geworden ist und jedwede Sicht nimmt, ist es hie und da möglich, aus der Erde herauszukommen, sich einmal draussen zu bewegen. Aber was bedeutet das zu einer Zeit, in der jede Bewegung zur Anstrengung wird? Im ersten Frühwind, in der Kühle des Abends, wenn es den Soldaten verlangt, nach der ausdörrenden Glut des Tages und der Schwüle der Nacht frei zu atmen, ist er an seine Stellung gebannt. Die Sicht ist jetzt klar und jede Bewegung im Vorfeld von Tobruk löst Artilleriefeuer aus. Zu der Qual der Hitze und der Bewegungslosigkeit aber tritt als drittes die der Fliegen. Sie sammeln sich zu Tausenden. Vor ihnen gibt es keine Rettung. Sie gehören zu unserem täglich Brot, wie der «Alte Mann», jene dem Afrikaner so berühmt gewordene Fleischkonserve mit dem Aufdruck «AM», dem sie ihren Namen verdankt. Sie kleben im Gesicht, auf dem Essen, an der feuchten Hülle der Feldflasche; sie sammeln sich zu Legionen um jede leere Konservendose, den verschütteten Wassertropfen, vor allem aber um alles, was der Soldat notwendigerweise als Abfall über den Grabenrand werfen muss. Auf engsten Raum beschränkt, der Hitze wehrlos preisgegeben, ohne Ablenkung oder Beschäftigung, ohne Ruhe oder Entspannung lebt der Infanterist auf afrikanischem Boden wahrhaftig noch einmal durch, was den Vätern Schicksal geworden war.

Tobruk ist einmal ein Verdun der Wüste genannt worden. Es ist ein schiefer und falscher Vergleich. Die Stadt in der Marmarika hat nicht die strategische Bedeutung Verduns von 1917. Zudem verbindet sich der Name Verdun mit der Erinnerung an die traurigsten Blutopfer aller Zeiten. Will man aber zum Ausdruck bringen, dass die Härte des Stellungskampfes an die Verduns erinnert, so muss darüber hinaus gesagt werden, dass dieses Tobruk vielleicht noch härter ist. Es zwingt dem Menschen neben dem Kampf auch noch die Gesetze der Wüste auf. Ihnen ist der Mensch untertan. Hitze und Durst, Staub und Durst. Sonne und Durst. Dazu die Eintönigkeit der ewigflirrenden Wüste, dann und wann ein dumpfes Brausen, wenn der Tod sich neue Kumpane sucht.

Ja, so ist es im Vorfeld von Tobruk.

Gold und Elend in Südafrika

Die englische Politik geht ja immer darauf aus, innerhalb der Völkerklassen-, Rassen- oder Religionsgegensätze zu schaffen und zu erhalten, um dann nach dem Sprichwort: «teile und herrsche» zu regieren. Im Falle der Südafrikanischen Union haben die Engländer diesen Wahlspruch ebenso geschickt wie brutal in der Weise durchgeführt, dass sie einen Teil der Negerbevölkerung auf Kosten der alteingesessenen Burenbevölkerung begünstigten. Ein Teil der schwarzen Bevölkerung ist nämlich zu verhältnismässigem Wohlstand gelangt und dadurch ein sehr treuer Anhänger Englands geworden, während viele Buren und andere eingewanderte Weisse, die politisch nicht ganz leicht bei der Stange zu halten sind, ausgesprochen verarmt sind.

In den Grosstädten der südafrikanischen Union, also in Kapstadt in Johannesburg, in Pretoria und einigen anderen gibt es bereits ein ausgesprochenes weisses Proletariat, das von der hochgekommenen Negerbevölkerung als «arme Blanke» bezeichnet wird. Am meisten zu leiden hatten aber natürlich unter den britischen Unterdrückungsmethoden die Buren, die zunächst bei der Besetzung Kaplandes durch die Engländer nach

sind, ausgesprochen verarmt sind.
In den Grosstädten der südafrikanischen Union, also in Kapstadt in Johannesburg, in Pretoria und einigen anderen gibt es bereits ein ausgesprochenes weisses Proletariat, das von der hochgekommenen Negerbevölkerung als «arme Blanke» bezeichnet wird. Am meisten zu leiden hatten aber natürlich unter den britischen Unterdrückungsmethoden die Buren, die zunächst bei der Besetzung Kaplandes durch die Engländer nach

Norden in den Oranje-Freistaat auswanderten, an dessen Westgrenze aber ein paar Jahrzehnte später die grossen Diamantenfelder um Kimberley entdeckt wurden, was die Engländer zu einem Eroberungsfeldzug veranlasste. Wiederum machten sich die Buren mit Weib und Kind in riesigen Wagenkolonnen weiter nach Norden auf, um dem britischen Druck auszuweichen. Sie überschritten den Südafrika von Ost nach West durchquerenden Fluss Vaal und gründeten nördlich von diesem die Republik Transvaal. Zunächst schienen sie hier auch vor jedem weiteren britischen Zugriff sicher, bis das Schicksal es wollte, dass in dem Bezirk um die Stadt Johannesburg und in einigen anderen Gebieten Transvaals grosse Goldfunde gemacht wurden.

Wieder überzogen daraufhin die Engländer das eine Million zählende Burenvolk mit Krieg, sperrten die Frauen und Kinder der Buren in Konzentrationslager und rieben schliesslich nach jahrelangem Kampf die kleinen Streitmächte des Burenvolkes mit Hilfe einer erdrückenden Menschen- und Materialübermacht auf. Damit kamen die Buren endgültig unter britische Herrschaft, und den Engländern fielen nun auch die Goldgruben Transvaals in die Hände, die zur Zeit etwa 30 % der Weltgoldproduktion liefern und bereits einen unermesslichen Reichtum in die Londoner City gebracht haben. Die Buren selbst haben von diesen Goldfunden ebensowenig wie von den Diamantgruben bei Kimberley, die ebenfalls zu den grössten der Welt zählen, gehabt. Alles gehört vielmehr britischen Gesellschaften, die alle Erträge aus diesen Bodenschätzen nach London überweisen. Die Buren-Bevölkerung ist der Landwirtschaft treu geblieben und ist durch den Eintritt der Südafrikanischen Union unter Führung des englandhörigen Erstministers Smuts in eine schwere Krise gestürzt worden. Die Erzeugnisse der Burenfarmen, vor allem Mais, dann aber auch Wolle, Felle usw. können heute entweder überhaupt nicht mehr oder nur noch zu sehr gedrückten Preisen abgesetzt werden, weil ja ganz Kontinental-Europa als Käufer ausfällt. Eine weitere Verarmung der burischen Bevölkerung der Union muss daher die unausbleibliche Folge sein.

一九四一年九月十二日付『オアシス』。トブルク要塞攻囲戦のレポート。見出しには「海岸のヴェルダン？」とある。

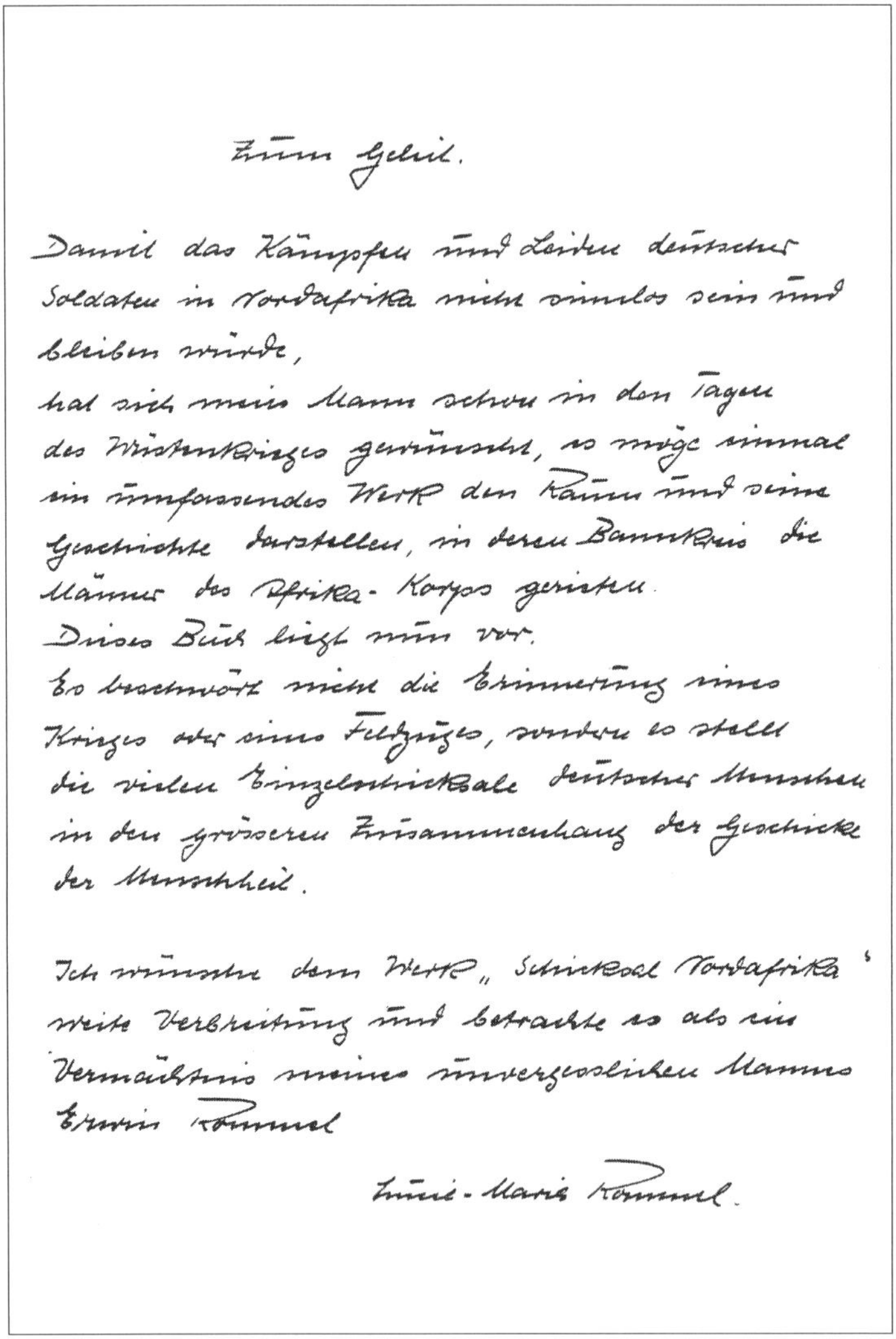

Zum Geleit.

Damit das Kämpfen und Leiden deutscher Soldaten in Nordafrika nicht sinnlos sein und bleiben würde,
hat sich mein Mann schon in den Tagen des Wüstenkrieges gewünscht, es möge einmal ein umfassendes Werk den Raum und seine Geschichte darstellen, in deren Bannkreis die Männer des Afrika-Korps gerieten.
Dieses Buch liegt nun vor.
Es beschwört nicht die Erinnerung eines Krieges oder eines Feldzuges, sondern es stellt die vielen Einzelschicksale deutscher Menschen in den grösseren Zusammenhang der Geschicke der Menschheit.

Ich wünsche dem Werk „Schicksal Nordafrika" weite Verbreitung und betrachte es als ein Vermächtnis meines unvergesslichen Mannes Erwin Rommel

Lucie-Maria Rommel.

アフリカ軍団戦友会が刊行した記念本『運命の北アフリカ』に、ロンメル夫人ルチー・マリアが寄せた挨拶。

Das Buch „Schicksal Nordafrika“ gibt einen Überblick über die Entwicklung Nordafrikas, von der Frühzeit der Menschheit bis zu den heutigen Tagen. Große Leistungen geschichtlicher und kultureller Art werden beschrieben, und die zeitweise engen Bindungen zwischen Nordafrika, dem alten Griechenland, Rom und dem Christentum aufgezeichnet.

Wir Afrikaner begrüßen es sehr, daß in diesem Werk von berufener Feder der Afrikafeldzug dieses Krieges, die unvergeßlichen Taten Rommels und aller auf diesem Kriegsschauplatz eingesetzten Soldaten geschildert und damit vor Vergessenheit bewahrt werden.

Sehr dankbar sind wir, daß bei der Herausgabe dieses Werkes der Erlös dem Rommel-Sozialwerk und damit notleidenden Veteranen und Hinterbliebenen zugute kommt.

So wünschen wir diesem wertvollen Buch weiteste Verbreitung.

(KESSELRING)
Generalfeldmarschall a. D.
Ehrenvorsitzender des
Verbandes ehem. Angehöriger
Deutsches Afrika-Korps e.V.

(CRÜWELL)
General der Panzertruppe a. D.
Erster Vorsitzender des Verbandes
ehem. Angehöriger Deutsches Afrika-Korps e.V.
und des Rommel-Sozialwerks e.V.

アフリカ軍団戦友会が刊行した記念本『運命の北アフリカ』の序文。南方総軍司令官だったアルベルト・ケッセルリング元帥（アフリカ軍団戦友会名誉会長）と、アフリカ軍団長だったルートヴィヒ・クリューヴェル装甲兵大将（アフリカ軍団戦友会初代会長）の署名が付されている。

アルジェリア南方の砂漠。風が独特なかたちの砂丘を形成する。

チュニスで歩哨に立つドイツ降下猟兵（空挺部隊）。

ロンメルの後任として、アフリカ軍集団司令官となったハンス＝ユルゲン・フォン・アルニム上級大将。

チュニジアで古代の遺跡を訪れたドイツ将校。

トリポリ港。一九四一年二月、アフリカ軍団の第一陣がここに上陸した。モスクのドームや礼拝塔が見える。

トリポリ港に揚陸されるⅢ号戦車。

トリポリでパレードを行うドイツ軍部隊。

トリポリのパレードに備えて整列したドイツ戦車隊。

イタリア植民者の家々やヤシの並木を抜けて、東へ進撃するドイツ戦車隊。

ロンメルとイタリアのリビア総督イータロ・ガリボルディ大将。

ロンメルとイタリアのリビア総督イータロ・ガリボルディ大将。

古代ローマの遺跡「レプティス・マグナ」を見学するドイツ兵たち。

アルコ・ディ・フィレーニ（「フィレーニ兄弟の門」。イタリアが、かつてのトリポリタニアとキレナイカの境界に建築した凱旋門。一九七三年に、リビア革命政府により、イタリア植民地主義の象徴として取り壊された）を通過するドイツ軍。

十月から三月にかけての雨季には、北アフリカの地形は数分間で劇変する。降雨前には、このように乾燥した道路が……。

十分ほどのスコールのあとには泥沼と化す。

地雷探知機を使って、砂中の危険を除去するドイツ兵。

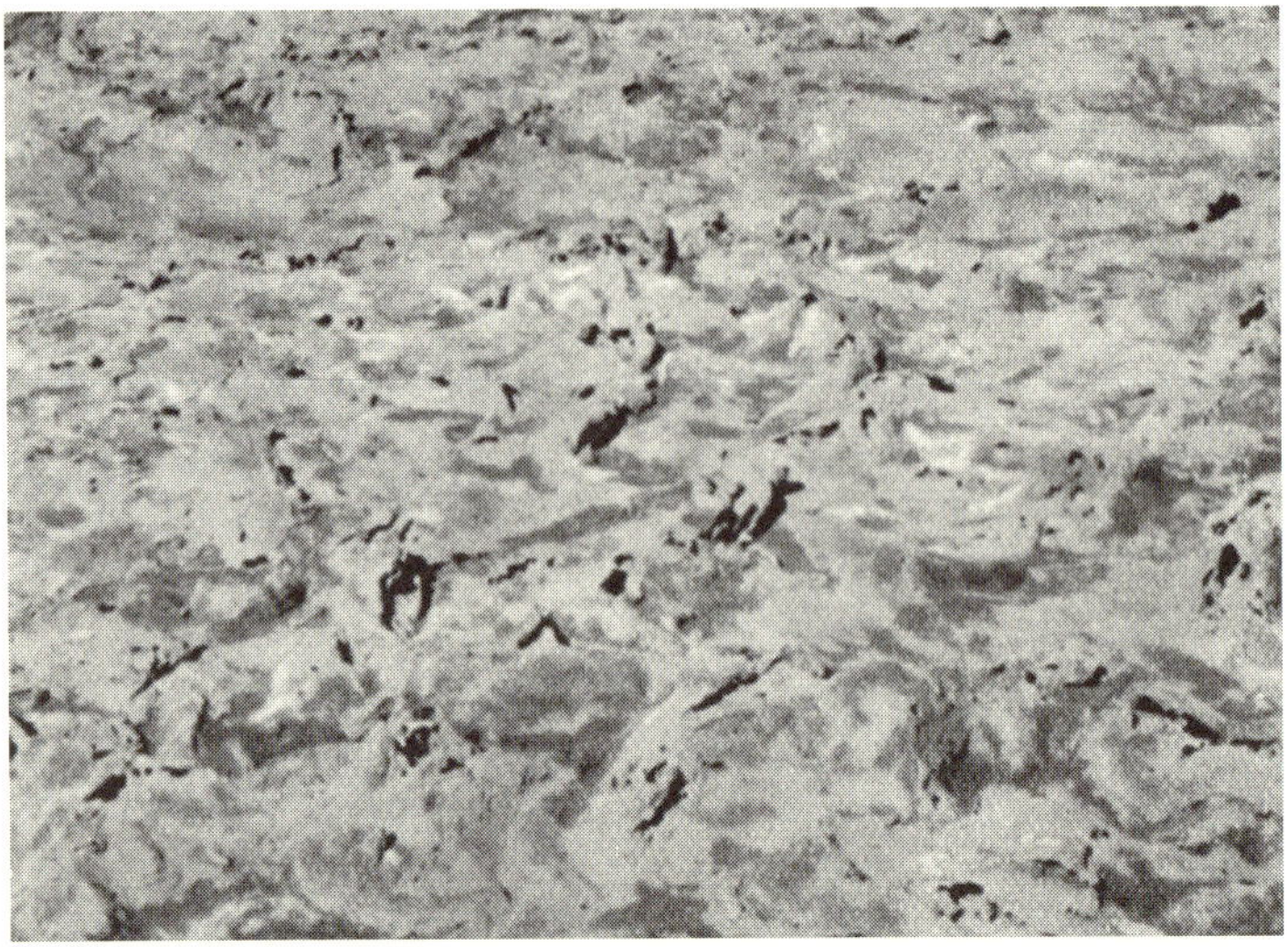

リビア特有の地形「塩湖」。水が涸れた沼で、表面に塩の層がある。雨が降れば、これが泥濘となる。

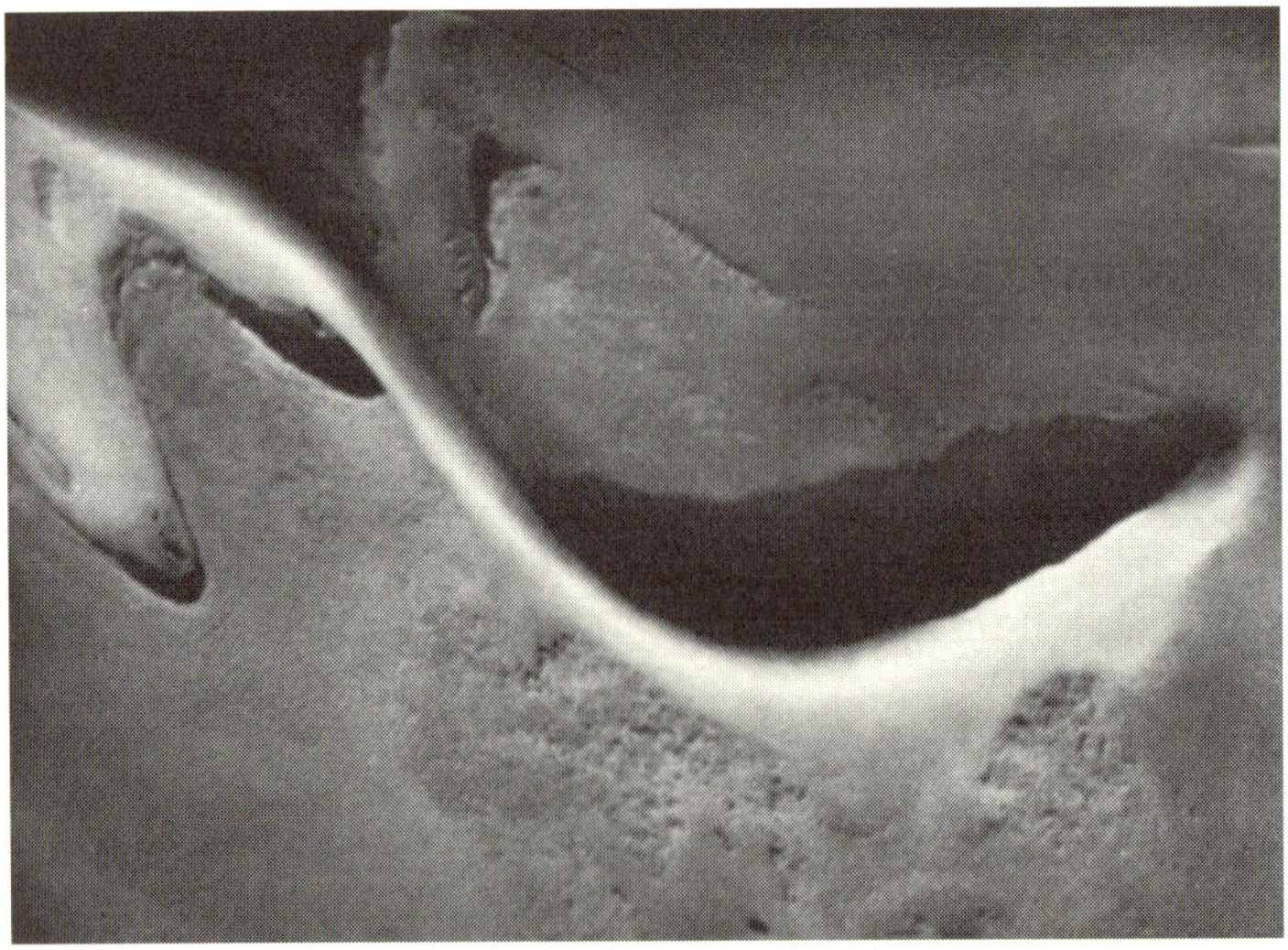

風が吹けば、砂丘は抽象彫刻のごときかたちになる。

酷暑と砂塵を衝いて攻撃するドイツ兵。

エル・アゲイラ前面に置かれた、北アフリカにおける最初の戦死者の慰霊碑。

エル・アゲイラに向かう足跡。

果てしない砂の海を進むイタリア軍のエリート部隊「ベルサリエーリ」(狙撃兵の意味)。砂漠では、風土も兵の敵となる。

エル・メキリに通じる隊商路にて。砂嵐は誰にも止めることができない。

ヤシの並木道を驀進する戦車隊。低い石積みの壁は、イタリア植民者の所有地境界線を示す。

雨の降らない夏季においては、南方から熱風「ジブリ」が吹き、酷暑と砂嵐をもたらす。

おそるおそる初めての電話を試してみる現地人の子供。

砂漠の貴重品である道標、タイヤ、塵が来ない場所。

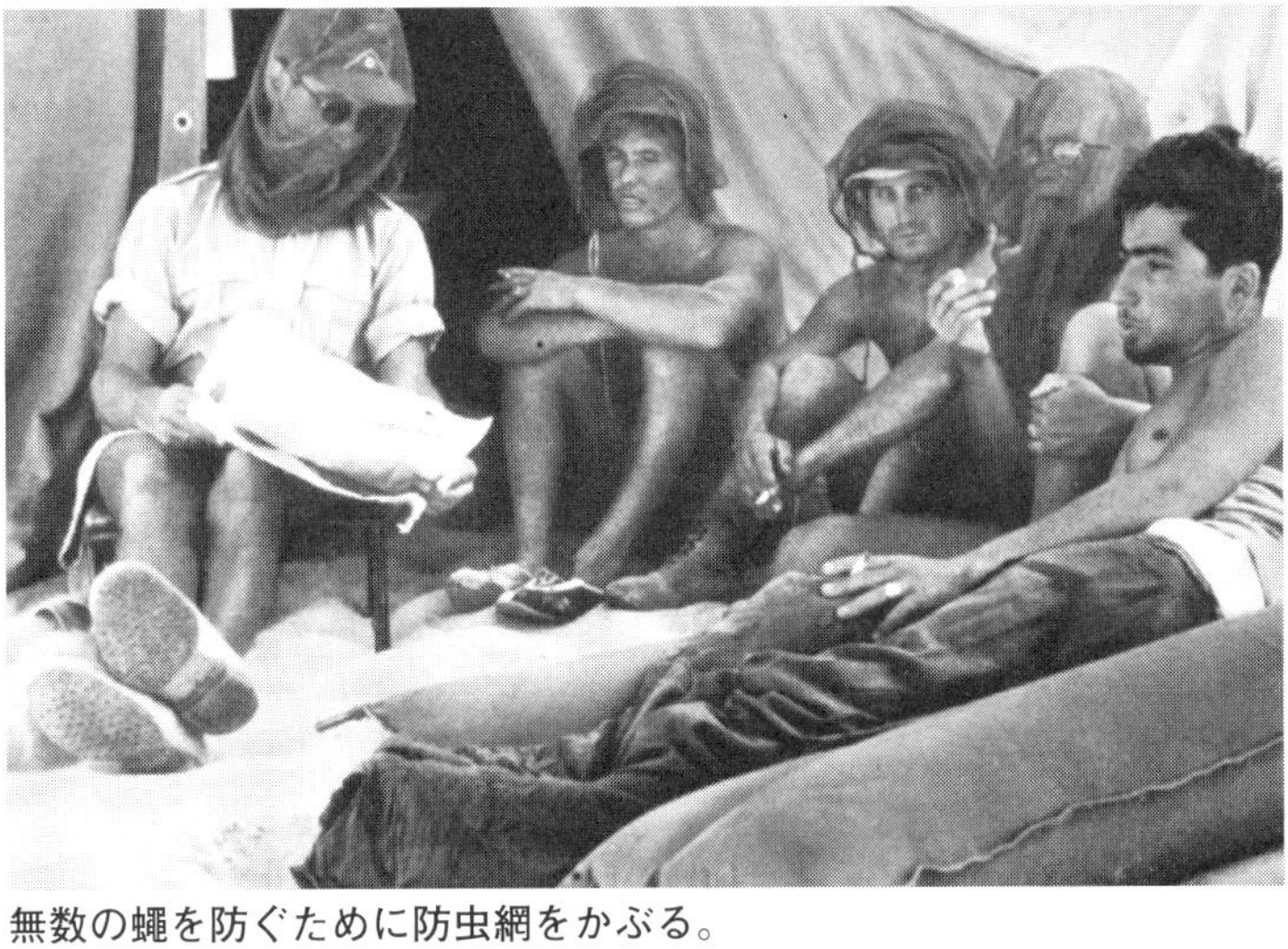
無数の蠅を防ぐために防虫網をかぶる。

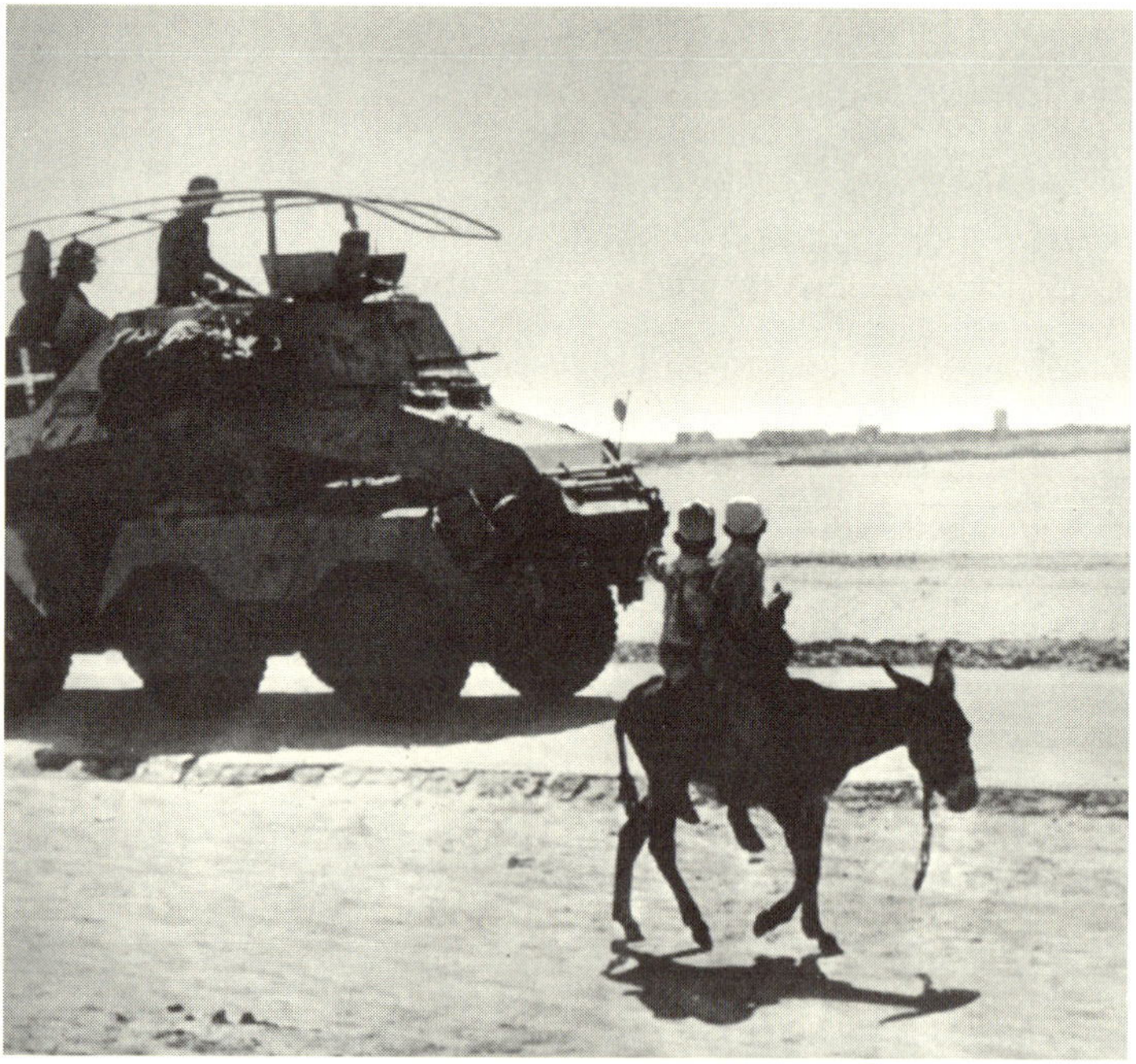

ドイツ軍八輪重装甲車を物珍しげに眺める現地民。

バルボ海岸道《ヴィア・バルビア》（Via Balbia）を進む車輌縦隊。当時、リビアを領有していたイタリアが建築した沿岸道路。リビア総督イータロ・バルボ空軍元帥の没後、彼を顕彰して、この名が付けられた。現「リビア海岸高速道」。

キレナイカの野戦包帯所天幕に、赤十字旗が高々と掲げられる。

マルマリカの戦車戦直後の光景。野戦救急車が負傷兵の手当てを進める。右手に見えるのは、ロンメルの指揮装甲車。

応急処置として包帯を巻かれた軽傷者。

砂漠の道路脇にある井戸。デルナからエジプト国境に至る一帯では珍しい水源である。

一九四二年六月十五日、ナイツブリッジの戦車戦後、バルボ海岸道を進むロンメル。地平線の向こうには、トブルク要塞がある。

急降下爆撃機を警戒するベルサリエーリ。砂漠においては、敵機はいつでも不意に出現する。

バルボ海岸道沿い、ウム・エル・ルゼンのモスク。

偵察装甲車の上部から身を乗り出して、遭遇戦を撮影する宣伝中隊員。

砂漠の要塞ビル・ハケイム。一九四二年六月十一日の独伊軍による強襲直後の撮影。自由フランス軍とユダヤ人部隊がここを守っていた。

戦後の風景。ドイツ人戦死者墓地保存協会会長のシュルツェ＝デヴィッツ退役大尉が、イギリス軍将校列席のもと、戦没した英軍中佐の墓に花を捧げる。

炎上する戦車の黒煙が、アフリカの太陽をも覆いつくす。一九四一年、死者慰霊日《トーテンゾンターク》（移動祝祭。教会暦の最後、待降節最後の日曜日）の戦車戦直後に撮影された写真。

死者慰霊日の戦闘を指揮するアフリカ軍団長ルートヴィヒ・クリューヴェル中将。

夜が戦場に訪れる。

数千馬力のエンジンをあやつるパイロットと一頭のロバのあるじが物々交換を行う。

砂漠の急降下爆撃隊基地。

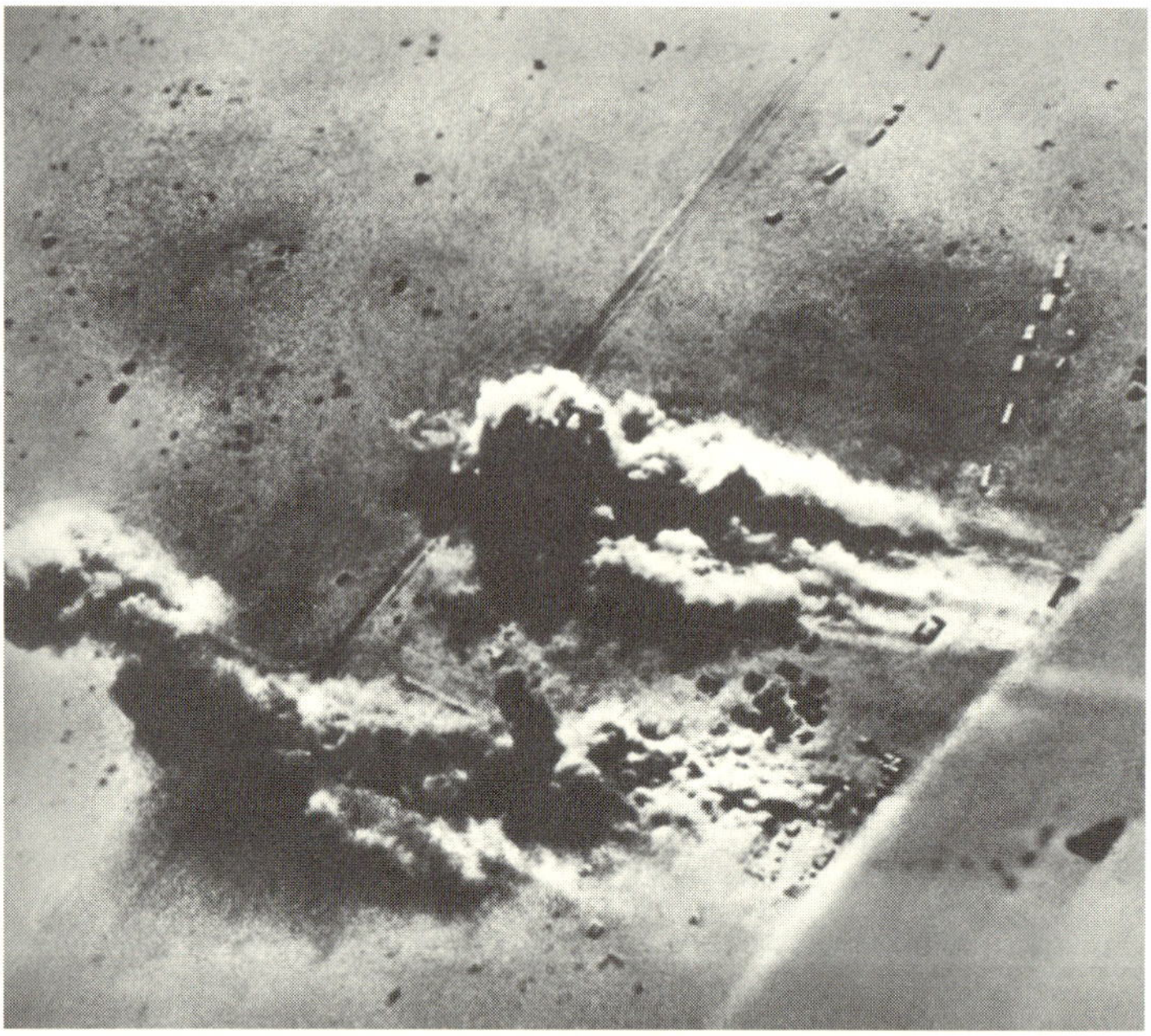

ドイツ軍急降下爆撃機がトブルクの物資集積場を攻撃する。

一九四二年六月二十日のトブルク攻撃。独伊空軍の爆撃が突撃部隊を先導する。

トブルク攻撃のために待機する「司令部梯隊《ゲフェヒツシュタッフェル》」（ロンメル直属の予備部隊）。ロンメル以下、将兵の表情はけわしい。前年の経験から、彼らはトブルク要塞の防御が強固であることを知っていたのである。

一九四二年のエルヴィン・ロンメル。

一九四一年十二月初頭のロンメル。右に写っているのは、ジークフリート・ヴェストファル大佐。当時、アフリカ装甲軍の参謀長を務めていた。

トブルクの対戦車壕の上に架けられた板敷き橋。二百両以上の戦車が、ここを通って前進した。

歩兵は攻撃する。

最初に奪取されたトブルクの陣地。

ある砲兵観測員の横顔。

トブルクの光景。ここには五千名もの戦死者が眠っている。

瓦礫《がれき》だらけの街道。このバルボ海岸道を通って、補給物資が運ばれた。

トブルクに入って最初の昼食を摂るロンメル。

空からトブルク南方の砂漠を見る。ロンメル自身の撮影によるもの。

戦車の「墓場」となったハルファヤ峠。アラブ人のくず鉄商人にとっては、宝の山である。

エジプト国境カプッツォ砦の戦死者墓地。

ドイツ軍従軍看護婦。彼女らも多くの不自由を耐え忍んだ。

野戦郵便に託する手紙を書く兵士。

激戦の部隊となったサルーム湾。切り立った断崖がエジプトまで続く。

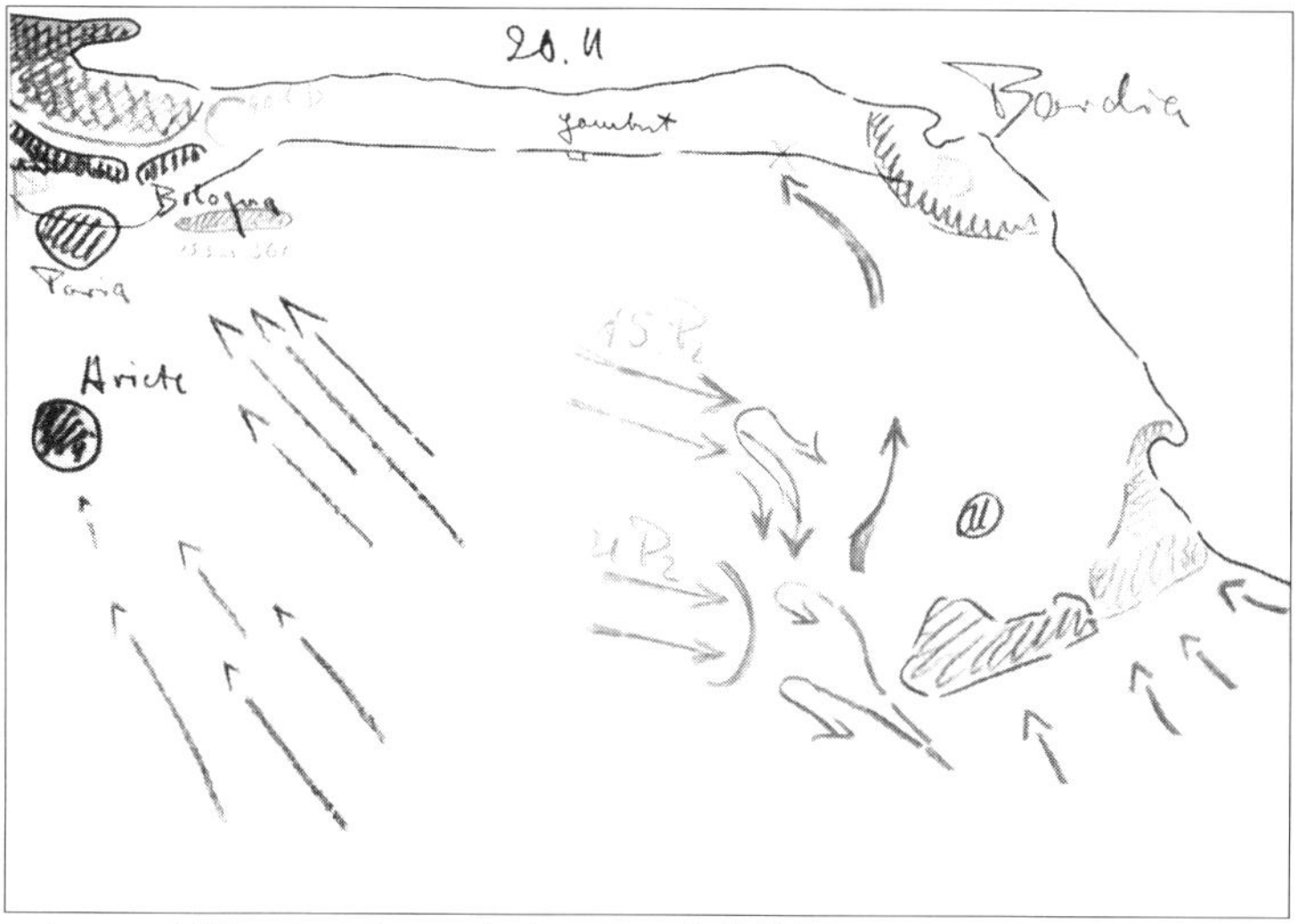

ロンメルが描いた一九四一年十一月の作戦構想。

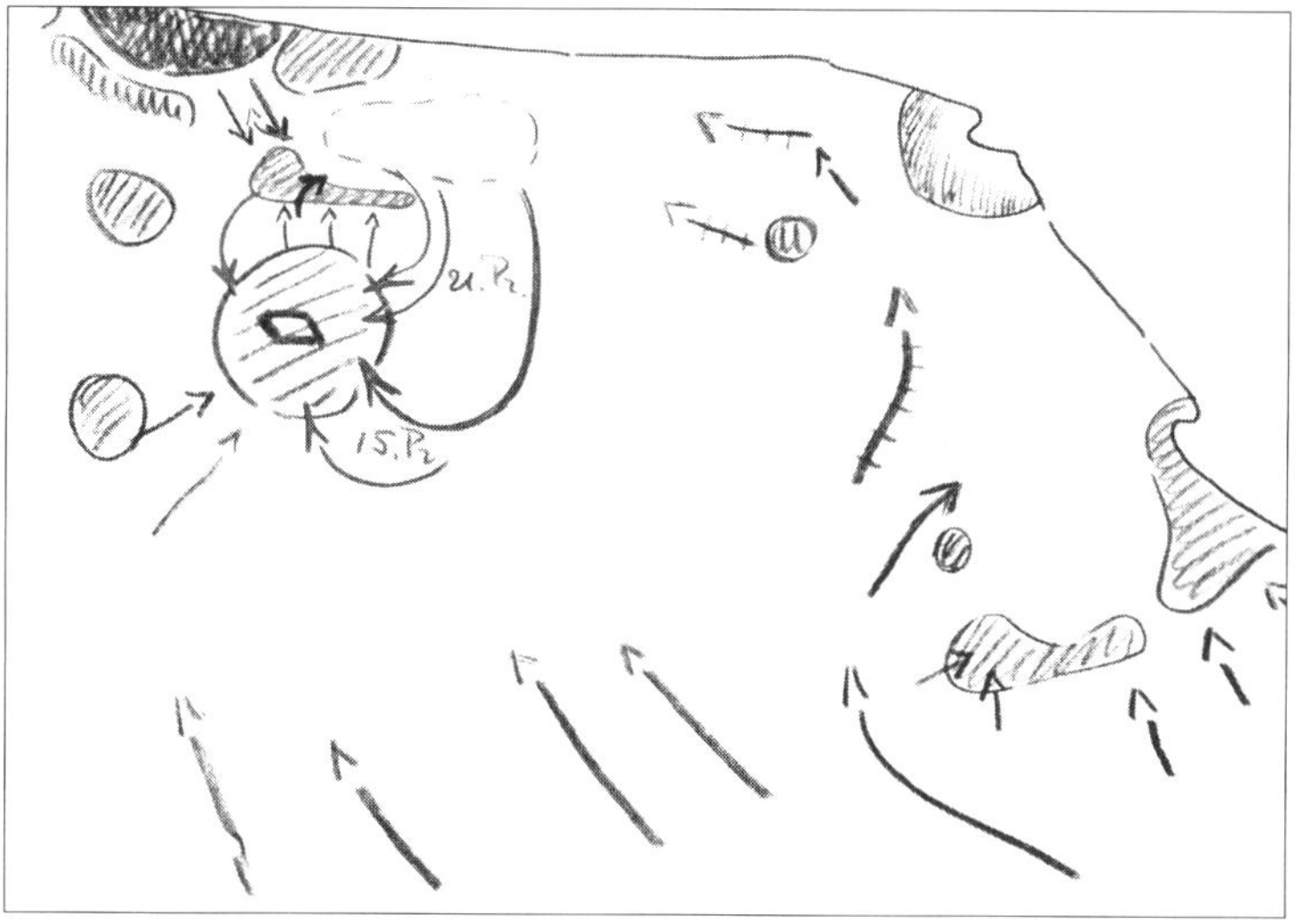

ロンメルが描いた一九四一年十一月の作戦構想。

リビア・エジプト国境を示す標石。

イタリアがリビア国境に張った、およそ
百五十キロの長さにおよぶ金網の一部。

ロンメルと話し合うケッセルリング空軍元帥。

アリグザンドリアまで百十九キロであることを示す道標。だが、ここが戦局の転回点となった。

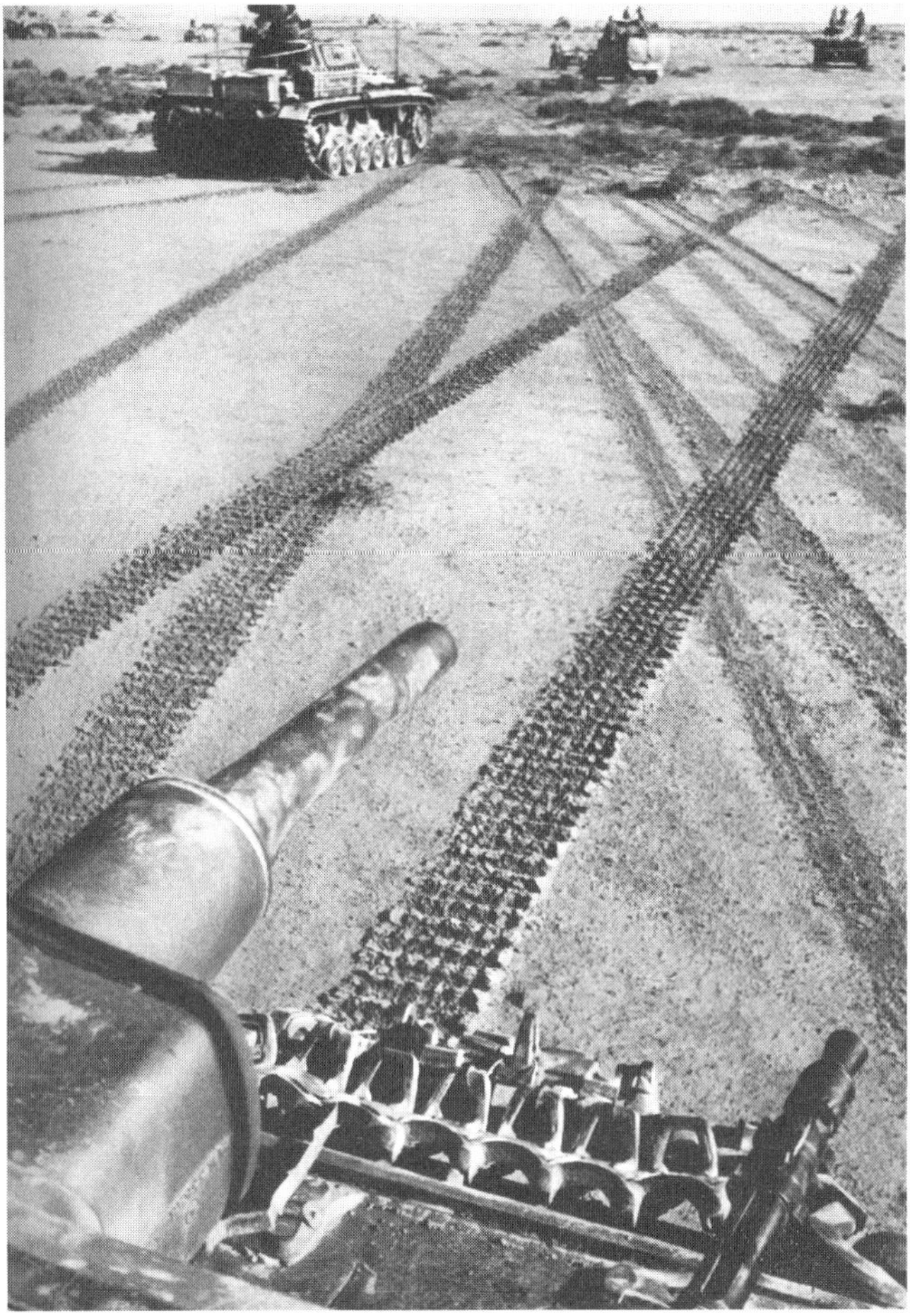

戦車長の視点から見た砂漠。

エル・アラメイン前面のドイツ軍陣地。一部の地盤は岩石で、そうしたところでは、こうして石を積み上げ、胸壁とするほかなかった。

エル・アラメイン前面の歩兵陣地で打ち合わせるロンメルと、アフリカ軍団参謀長フリッツ・バイエルライン大佐。

英軍の集中射撃を受け、戦車攻撃を受けたエル・アラメインの陣地。一九四二年十月二十四日。その前夜のイギリス軍準備砲撃によって、アフリカ決戦は開始されていた。

一九四二年七月の戦闘で英軍戦車八両を撃破したギュンター・ハルム一等兵（当時十九歳）。その功績で騎士十字章を授与された。アフリカ軍団で最年少の騎士十字章拝受者である。

エル・アラメインで逆襲にかかるドイツ軍降下猟兵。

すべての車輌が砂塵を巻き上げていくから、後続車両が先行車の位置をつかむのはたやすい。

アフリカでも、キューベルヴァーゲン（ドイツの軍用乗用車）は頼りになる相棒だった。灼熱の太陽や砂塵も、キューベルヴァーゲンの邪魔立てはできない。

エル・アラメインの独伊軍戦死者墓地。ここには、六千名が埋葬されている。その東に数キロ行ったところには、英軍戦死者六千名の墓標が立てられている。

ロンメルの名で建てられたアフリカ軍団とその指揮官たちの記念碑（所在地不明）。

エル・アラメイン会戦後に集積された連合軍戦車の残骸。

エル・アラメイン付近の弾薬集積場。

百五十八機撃墜を記録し、「アフリカの星」と讃えられた戦闘機乗りハンス＝ヨアヒム・マルセイユ大尉。一九四二年九月三十日、シジ・アブド・エル・ラーマン南方で事故死した。

シジ・アブド・エル・ラーマンのモスク。

ドイツ軍の最大の敵手、バーナード・モントゴメリー元帥（左）。

エル・アラメイン会戦前に、イギリス軍が建てた標石。「ここより先、敵地雷原。一九四二年十月二十三日」とある。

エル・アラメイン会戦前に、イギリス軍が建てた標石。「ここより先、イギリス軍地雷原。一九四二年十月二十三日」とある。

鉄条網が彼我《ひが》の戦線を分ける。

解　説

砂漠と草原に学ぶ――
『ドイツ国防軍　砂漠・ステップ戦必携教本』を読む

大木《おおき》　毅《たけし》

「ドイツ国防軍は、対英戦終了以前にも、**迅速なる一戦役によってソヴィエトロシアを屈服させる**べく、準備しておかねばならない（バルバロッサ一件）。

陸軍は、本目的のため、使用し得る全兵力を投入すべし。ただし、占領地を奇襲に対して安全たらしめなければならぬとの条件が付される」（一九四〇年十二月十八日付総統指令第二一号）。

「地中海方面では、イギリス軍がわが同盟国軍に勝る兵力を投入しており、戦略、政治、心理上の理由から、ドイツの支援が求められている。

トリポリタニア〔リビヤの一地方〕は保持され、アルバニア戦線崩壊の危険は除去されなければならない。さらには、カヴァッレーロ軍集団が、のちの第一二軍の作戦に呼応して、アルバニアよりの攻勢に移転し得るようにすべし。

よって、以下の命令を下達するものである。

(1) 陸軍総司令官は、封止部隊を編成すべし。これは、わが同盟国軍のトリポリタニア防衛、とくにイギリス軍機甲師団に対するそれに貢献するのに適当なものとすること。その編成原則については、別に特命を出す。目下、実行中のイタリア軍装甲師団一個ならびに自動車化歩兵師団一個のトリポリ向け輸送に続いて、前述の封止部隊を投入し得るよう（おおむね二月二十日より）、時機を得た準備を整えるべし」（一九四一年一月十一日付総統指令第二二号[❖1]）。

一九四〇年末から一九四一年初頭にかけて、ドイツ総統アドルフ・ヒトラーは、二つの重要な決断を下した。一つは、右に引用した総統指令第二一号による対ソ戦の決定、もう一つは同第二二号の地中海戦域介入のそれである。前者については、説明の必要はあるまい。だが、後者に関しては、若干の解説を加えておこう。一九四〇年六月十日、イタリアは、ドイツ側に与《くみ》して第二次世界大戦に参戦した。独裁者ムッソリーニは、対仏戦に勝利したドイツの勢いに乗じて、地中海の覇権を握るつもりだったのだが、その思惑ははずれた。当時自国領だったリビヤからイギリスの同盟国エジプトに侵攻しようとしたものの、英軍の機甲師団を中心とした反攻に遭い、イタリア軍は大敗した。バルカンでは、やはり自国領だったアルバニアからギリシアに侵攻したけれども、激しい抵抗によって、一部には押し戻されるありさまだったのだ。

このうち、アルバニア戦線の危機は、同方面の司令官に任命されたイータロ・ガリボルディ中将の努力とドイツ第一二軍の介入により排除された。が、北アフリカ戦線では、なおリビヤ失陥の恐れがあり、「封止部隊」を送って、イタリア軍を支える必要があった。これが、エルヴィン・ロンメル中将率いるドイツ・アフリカ軍団の派兵につながる。

いずれにせよ、こうしたヒトラーの決定により、ドイツ国防軍は、それまで想定していなかった戦場に臨むことになった。いうまでもなく、北アフリカの砂漠と南部ロシアのステップ地帯だ。

そもそも、ドイツ国防軍が予定戦場にしていたのは、西欧から中欧にかけての平原や森林、山岳地帯だった。第一次世界大戦に敗れ、ヴェルサイユ条約によって陸軍兵力を十万人に制限された当初から、フランスとその同盟国のポーランドやチェコスロヴァキアを仮想敵として、作戦計画立案や将兵の教育訓練を続けてきたのである。[2]ところが、第二次世界大戦がはじまり、短期戦でポーランドやベネルクス三国、フランスを降《くだ》したのちも、イギリスが講和に応じないため、ヨーロッパの周縁部や北アフリカに向けて攻勢を行う必要が生じた。また、ヒトラーの宿願である東方植民地帝国を築くため、加えて、イギリスが潜在的な同盟国になり得ると望みをかけていると思われるソ連を打倒するために、侵攻作戦が行われることになったのだ。

その結果、ドイツ国防軍は、まったく経験もなく、準備も不充分なまま、未知なる風土のもとで戦うことになった。彼らが遭遇した厳しい自然条件や日常生活の苦労については、さまざまな回想録や戦記に伝えられている。いくつか、引用してみよう。

「ミスラタの飛行場から、自動車で移動を続けた。だが、われわれは、そうした砂嵐のとほうもない威力について何もわかっていなかったのだ。そのことはもう認めなければならなかった。赤色をした巨大な雲が視界を覆い、車ものろのろと徐行するほかない。しばしば強風が吹き、バルボ海岸道においてさえ、自動車を進めることができなくなった。砂塵が、水のように車のガラスを流れおちていく。押し当てたハンカチ越しに息をするのも一苦労だ。耐えがたい猛暑により、汗が身体にしたたる。これがジブリであった！」[3]（ロンメルの回想）。

「飲用水濾過装置が充分でなかったので、黄疸と赤痢で非常に苦しみました。わが軍の軍医も、あなた方〔イギリス軍〕のと同様、部隊を熱帯に適応するように維持していくすべを、まるで知らなかったのです。ドイツ軍の野戦病院はイギリス軍よりも劣悪で、最初は輸血に必要な血漿《けっしょう》さえなかった。砂漠での生き方を学びとるまでに、長いことかかりました」（戦時特派員だったハンス・ゲルト・フォン・エーゼベックの戦後の談話[4]）。

「……マンムート〔ロンメルの指揮装甲車に付けられたニックネーム〕の内部仕切りの上に、ボール紙で作った大きな騎士十字章があった。その真ん中には、鉤十字の代わりに、大きな黒蠅の絵が描かれていた。ハウザー〔第五軽師団の作戦参謀〕の話では、この騎士十字章は、マンムートの住人のうち、日中有害な砂漠の蠅を最大多数『撃墜』した者に、毎晩ものものしく授けられるとのことだった」。（北アフリカに従軍し、ロンメル司令部に勤務した経験を持つハインツ・ヴェルナー・シュミットの回想[5]）。

ときには血を代価とした、こうした苦難によって得た経験や知見を、ドイツ陸軍は教本にまとめ、砂漠やステップで戦う部隊に配布することにした。それが、一九四二年十二月十一日、当時の陸軍参謀総長クルト・ツァイツラー歩兵大将の名で公布された『砂漠・ステップ戦必携教本』であった。本書は、その全訳である。[6]

本教本の内容は、砂漠・ステップの地勢にはじまり、部隊の編制や武装、訓練、位置標定、捜索や見張、行軍や宿営の要領、衛生、家畜の扱いなど、多岐にわたる。詳しくは本文を一読願いたいが、注目すべきは、先に引用した回想などからうかがわれるような、さまざまな障害への対処方法が確認されていることだろう。たとえば、機関銃や小銃の射撃に際しては、砂塵が巻き上がり、味方の位置を暴露してしまうから、布や網を銃口の下に敷けという指示などは、まさに実戦から学びとったものにちがいない（本文九三頁）。

また、衛生に関しても、煮沸していない水の飲用を厳禁する一方、どの程度までなら塩分を含んだ水を使用できるかを指示するなど、経験知の集積が感じられる（本文一〇九、一三〇〜一三一頁）。ちなみに、あるロンメル伝には、「彼は塩気のある水で淹れた茶やコーヒーは好まなかった」とある。[7] 逆にいえば、司令官クラスでも、塩水の飲用は避けられなかったようだ。

もっとも、なかには「ラクダの肉は、牛肉に似たものである」といった不可解な一文もみられるが、これは、駄獣であると同時に貴重な食料でありながら、ドイツ兵に敬遠されがちなラクダの肉の喫食を啓蒙するためであるかと思われる。彼らがラクダ肉に抱いていた感情を示す、いささかユーモラスなエピソードを引いておく。「それから、レバーのバタ焼きというご馳走にありつける吉日がやってきた。食堂担当の士官が大声で言った。『おかわりの欲しい方は申し出てください』。私たちは、鷹揚《おうよう》なのにびっくりしたが、もちろん、遠慮などする者は一人もいなかった。だが、つぎの食事の際、彼は大声で告げた。『ラクダのレバー、おかわりの欲しい方は申し出てください』。私たちは顔を伏せてしまった」。[8]

ともあれ、本教本は、攻撃や防御、陣地構築など、直接戦闘に関わることのみならず、ドイツ兵が砂漠やステップで生活する上で叩き込まれた知識を、今日に伝えるものである。従って、狭義の軍事史のみならず、いわゆる「小さきものの戦争」（Der Krieg des kleinen Mannes. ドイツの研究者ヴォルフラム・ヴェッテの著書による）、兵士の視点からの歴史を論述する上で重要な史料であることは間違いなかろう。

加えて、本教本をヴィジュアル面で補うために、アフリカ軍団の戦友会が刊行した『運命の北アフリカ』より、ロンメル自身が撮影したものを含む写真多数を収録できたことは、訳者としては喜ばしいかぎりであった。読者が砂漠戦のイメージを得る一助となれば幸いである。

末筆ながら、今回も編集の労を取ってくださった作品社の福田隆雄氏に、記して感謝申し上げる。

❖註

（1）Walther Hubatsch (Hrsg.), *Hitlers Weisungen für die Kriegführung 1939-1945. Dokumente des Oberkommandos der Wehrmacht*, Taschenbuchausgabe, München, 1965, S.96, 107-108. 原文で、斜体により強調されている部分は、太字で示した。本書には、英訳版Hugh Trevor-Roper（Ed.）, *Hitler's War Directives 1939-1945*, London, 1965からの邦訳（ヒュー・R・トレヴァー＝ローパー編『ヒトラーの作戦指令書——電撃戦の恐怖——』、滝川義人訳、東洋書林、二〇〇〇年）がある。

（2）第二次世界大戦前のドイツ国防軍の作戦構想については、Matthias Strohn, *The German Army and the Defense of the Reich, Military Doctrine and the Conduct of the Defensive Battle 1918-1939*, Cambridge et al., 2016に詳しい。エーリヒ・フォン・マンシュタイン『マンシュタイン元帥自伝——一軍人の生涯より』、大木毅訳、作品社、二〇一八年、一八〇～一九四頁ならびに三五一～三六四頁も参照されたい。

（3）エルヴィン・ロンメル『「砂漠の狐」回想録——アフリカ戦線1941～1943』、大木毅訳、作品社、二〇一七年、三四頁以下。

（4）デズモンド・ヤング『ロンメル将軍』、清水政二訳、ハヤカワ文庫、一九七八年、一七一頁。引用にあたっては、用語・文体の統一等のため、邦訳を一部変更している。以下同様。

（5）ハインツ・シュミット『砂漠のキツネ　ロンメル将軍』、清水政二訳、角川文庫、一九七一年、五五頁。

（6）Merkblatt 18a/23（Anhang 2 zu H.Dv.1a Seite 18a lfd. Nr.23）, Taschenbuch für den Krieg in Wüste und

Steppe vom 11.12.1942.

(7) ヤング前掲書、一六四頁。

(8) シュミット前掲書、八九頁。

(9) Verband ehemaliger Angehöriger Deutsches Afrika-Korps e.V. in Verbindung mit dem Rommel Sozialwerk, *Schicksal Nordafrika*, Böblingen, 1954.

【編訳・解説者】
大木　毅（おおき・たけし）
1961年東京生まれ。立教大学大学院単位取得退学。DAAD（ドイツ学術交流会）奨学生としてボン大学に留学。千葉大学その他の非常勤講師、陸上自衛隊教育訓練研究本部講師を経て、現在著述業。主な著作に『ドイツ軍事史』（作品社、2016年）、『灰緑色の戦史』（作品社、2017年）。主な監修書に『軍隊指揮』（作品社、2018年）、R・J・エヴァンズ『第三帝国の到来』上・下（『第三帝国の歴史』〔全六巻〕、白水社、2018年～　）。主な訳書にイェルク・ムート『コマンド・カルチャー――米独将校教育の比較文化史』（中央公論新社、2015年）、M・メルヴィン『ヒトラーの元帥 マンシュタイン』上・下（白水社、2016年）、W・ネーリング『ドイツ装甲部隊史1916–1945』（作品社、2018年）など。

ドイツ国防軍 砂漠・ステップ戦必携教本

2019年２月５日　第１刷印刷
2019年２月10日　第１刷発行

著　　者　ドイツ国防軍陸軍総司令部
編訳・解説者　大木　毅
発 行 者　和田　肇
発 行 所　株式会社 作品社
〒102-0072 東京都千代田区飯田橋 2-7-4
電　話　03-3262-9753
ＦＡＸ　03-3292-9757
http://www.sakuhinsha.com
振　替　00160-3-27183

装　　丁　小川惟久
本文組版　㈲一企画
印刷・製本　シナノ印刷㈱

落・乱丁本はお取替えいたします。
定価はカバーに表示してあります。

Ⓒ 2019 by Sakuhinsha, Takeshi Oki
ISBN978-4-86182-733-4 C0031

ドイツ装甲部隊史
1916－1945
ヴァルター・ネーリング　大木毅訳
ロンメル麾下で戦ったアフリカ軍団長が、実戦経験を活かし纏め上げた栄光の「ドイツ装甲部隊」史。不朽の古典、ついにドイツ語原書から初訳。

マンシュタイン元帥自伝
一軍人の生涯より
エーリヒ・フォン・マンシュタイン　大木毅訳
アメリカに、「最も恐るべき敵」といわしめた、“最高の頭脳”は、いかに創られたのか?“勝利”を可能にした矜持、参謀の責務、組織運用の妙を自ら語る。

パンツァー・オペラツィオーネン
第三装甲集団司令官「バルバロッサ」作戦回顧録
ヘルマン・ホート　大木毅編・訳・解説
将星が、勝敗の本質、用兵思想、戦術・作戦・戦略のあり方、前線における装甲部隊の運用、そして人類史上最大の戦い独ソ戦の実相を自ら語る。

戦車に注目せよ
グデーリアン著作集
大木毅編訳・解説　田村尚也解説
戦争を変えた伝説の書の完訳。他に旧陸軍訳の諸論文と戦後の論考、刊行当時のオリジナル全図版収録。

ドイツ軍事史
その虚像と実像
大木毅
戦後70年を経て機密解除された文書等の一次史料から、外交、戦略、作戦を検証。戦史の常識を疑い、“神話”を剥ぎ、歴史の実態に迫る。

軍隊指揮
ドイツ国防軍戦闘教範
現代用兵思想の原基となった、勝利のドクトリンであり、現代における「孫子の兵法」。【原書図版全収録】旧日本陸軍／陸軍大学校訳 大木毅監修・解説

戦闘戦史
最前線の戦術と指揮官の決断
樋口隆晴
ガダルカナル、ペリリュー島他、恐怖と興奮が渦巻く“戦闘”の現場で、野戦指揮官はどう決断し、統率したのか?“最前線の戦史”!【図表60点以上収載】

用兵思想史入門
田村尚也
人類の歴史上、連綿と紡がれてきた過去の用兵思想を紹介し、その基礎をおさえる。我が国で初めて本格的に紹介する入門書。

モスクワ攻防戦
20世紀を決した史上最大の戦闘
アンドリュー・ナゴルスキ
津村滋監訳　津村京子訳
二人の独裁者の運命を決し、20世紀を決した、史上最大の死闘――近年公開された資料・生存者等の証言によって、その全貌と人間ドラマを初めて明らかにした、世界的ベストセラー。

Infanterie greift an

歩兵は攻撃する

エルヴィン・ロンメル

浜野喬士 訳　田村尚也・大木毅 解説

なぜ「ナポレオン以来」の名将になりえたのか？
そして、指揮官の条件とは？

“砂漠のキツネ”ロンメル将軍
自らが、戦場体験と教訓を記した、
幻の名著、初翻訳!

“砂漠のキツネ”ロンメル将軍自らが、戦場体験と教訓を記した、累計50万部のベストセラー。幻の名著を、ドイツ語から初翻訳！貴重なロンメル直筆戦況図82枚付。

「砂漠の狐」回想録

アフリカ戦線1941〜43

Krieg ohne Hass. Afrikanische Memoiren
Erwin Johannes Eugen Rommel

エルヴィン・ロンメル

大木毅［訳］

【ロンメル自らが撮影した戦場写真／原書オリジナル図版全収録】

DAK（ドイツ・アフリカ軍団）の奮戦を、
指揮官自ら描いた第一級の証言。
ロンメルの遺稿ついに刊行！